Q 科学クイズ サバイバル シリーズ

科学《かがく》クイズにちょうせん！

5分間《ふんかん》のサバイバル

2年生《ねんせい》

マンガ：韓賢東《ハンヒョンドン》／文《ぶん》：チーム・ガリレオ／監修《かんしゅう》：金子丈夫《かねこたけお》

登《とう》場《じょう》人《じん》物《ぶつ》紹《しょう》介《かい》

ピピ

ジオの友達《ともだち》で、
南《みなみ》の島《しま》に住《す》む元気《げんき》な少女《しょうじょ》。
何日《なんにち》もおふろに入《はい》っていなくても、
ちっとも気《き》にしない。

ジオ

言《い》わずと知《し》れたわれらがサバイバルキング！
どんなピンチにあっても、
必《かなら》ずサバイバルに成功《せいこう》してきた。

ケイ

ノウ博士《はかせ》の助手《じょしゅ》。
おどろくほどの清《せい》けつ好《ず》きで、
ちょっとしたよごれもゆるさない。

ノウ博士《はかせ》

医師《いし》にして発明家《はつめいか》。
ノウ博士《はかせ》の発明品《はつめいひん》が、
ジオをサバイバルの旅《たび》へと
みちびくこともしばしば。

もくじ

人体《じんたい》のサバイバル

生《い》き物《もの》のサバイバル

しぜんのサバイバル

身《み》近《ぢか》な科《か》学《がく》のサバイバル

人体《じんたい》のサバイバル

ジャングルたんけんにやってきた
ジオ、ピピ、ケイ。

3人《にん》といっしょに
クイズをときながら
人体《じんたい》のふしぎを知《し》ろう！

第《だい》1話《わ》

クイズ

右《みぎ》ききと左《ひだり》ききはいつきまるの？

ア 赤《あか》ちゃんのときにきまる。

イ 年《ねん》れいにかんけいなく、はじめてものをもったときにきまる。

ウ 3さいぐらいまでにきまる。

わたし、いつから右《みぎ》ききになったのかな？

うーん。ぼくも知《し》らないうちに右《みぎ》ききになっていたぞ。

右《みぎ》ききの人《ひと》のほうが多《おお》いのかな？

そうだよ。10人《にん》いたら、だいたい9人《にん》が右《みぎ》ききだといわれているんだ。だから、はさみなどの手《て》を使《つか》う道具《どうぐ》は、右《みぎ》きき用《よう》のものが多《おお》いのさ。

そういえばこの前《まえ》、左《ひだり》ききの人《ひと》、はさみを使《つか》いにくそうだったな……。

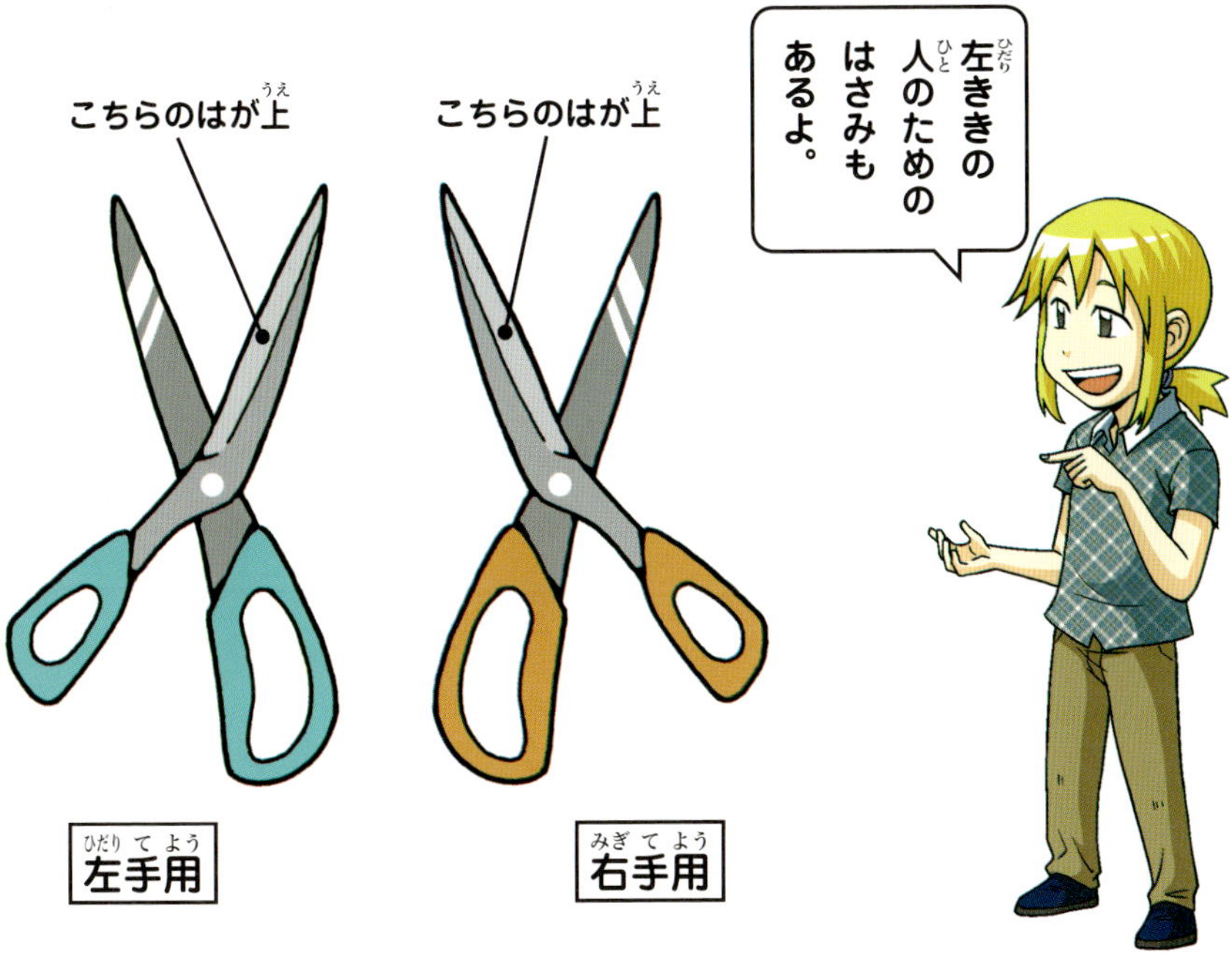
左《ひだり》ききの人《ひと》のためのはさみもあるよ。
こちらのはが上《うえ》
こちらのはが上《うえ》
右手用《みぎてよう》
左手用《ひだりてよう》

答《こた》えは次《つぎ》のページ！

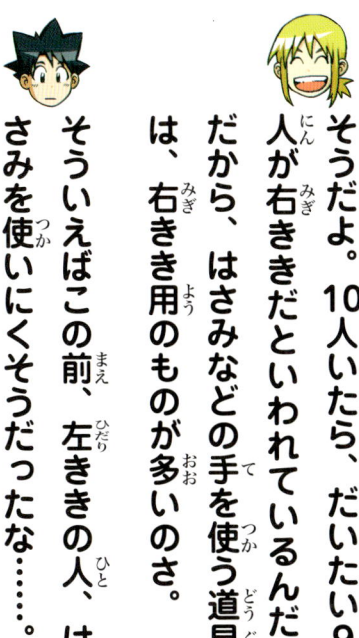

答《こた》え

ウ 3さいぐらいまでにきまる。

【解説《かいせつ》】

人間《にんげん》は、生《う》まれたときは、りょう方《ほう》の手《て》が同《おな》じように使《つか》える「りょう手《て》きき」といわれています。ところが、3さいぐらいになると、多《おお》くの人《ひと》が右手《みぎて》のほうがきように使《つか》える右《みぎ》ききに変《か》わるのです。

どうして、右《みぎ》ききの人《ひと》のほうが多《おお》いのかは、よくわかっていません。

赤《あか》ちゃんは、右手《みぎて》も左手《ひだりて》も同《おな》じように使《つか》えるよ。
赤《あか》ちゃんのときは、どちらも使《つか》う。
3さいぐらいになると……。
きき手《て》がきまる。

動物《どうぶつ》にも、人間《にんげん》のようにきき手《て》があるものがいます。サルやネコなどです。

よくかんさつすると、サルやネコがものをいじったりするときには、たいてい左手《ひだりて》(左《ひだり》の前《まえ》あし)をきように使《つか》っています。

人間《にんげん》は、右《みぎ》ききが多《おお》いですが、サルやネコなど動物《どうぶつ》は左《ひだり》ききのほうが多《おお》いようです。どうしてなのかは、よくわかっていません。

ちなみに、イヌには「きき手《て》」はないようです。どちらも同《おな》じくらいのきようさで使《つか》うことができます。

サルやネコは左《ひだり》ききが多《おお》い。
ニャ～
もぐ
もぐ
動物園《どうぶつえん》でサルをよくかんさつしてみよっと!

【おうちの方へ】ネコの場合、オスは左きき、メスは右ききが多いという研究結果もあります。

第《だい》2話《わ》

うわっ！なんてくさい花《はな》なんだ。
そんなにくさい？
う〜む。ピピのほうがくさいかも。

クイズ

くさいと感《かん》じるのはどうして？

ア 体《からだ》にわるいものを知《し》らせるため。

イ 体《からだ》に役《やく》に立《た》つものを知《し》らせるため。

ウ 体《からだ》にめずらしいものを知《し》らせるため。

くさいといえばうんちかな。おならもくさいな。

くさった食《た》べ物《もの》もね。

1日《にち》はいてたくつ下《した》もくさいな。ピピも何日《なんにち》もふろに入《はい》らないから、くさいときがあるぞ！

え、そう？

話《はなし》を聞《き》いているだけでなんだか気分《きぶん》がわるくなってきた……。でも、くさいって感《かん》じるのは大切《たいせつ》な感《かん》かくなんだぞ。

いろいろなくさいもの

うんち

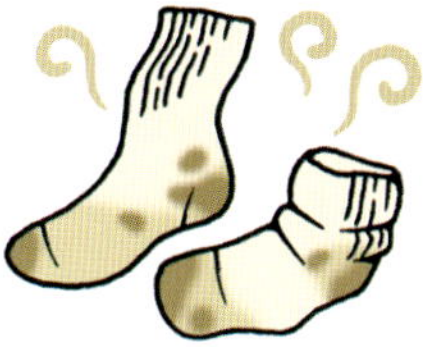

1日《にち》はいたくつ下《した》

古《ふる》くなったパン

何日《なんにち》もふろに入《はい》って
いない人《ひと》の体《からだ》

見《み》てるだけでにおってきそう。

答《こた》えは次《つぎ》のページ！

答《こた》え

ア 体《からだ》にわるいものを知《し》らせるため。

【解説《かいせつ》】

くさいにおいは、人間《にんげん》にきけんを知《し》らせてくれるセンサーのようなものです。

くさったものを口《くち》に入《い》れたり、何日《なんにち》もふろに入《はい》らなかったりすると、びょうきになってしまうかもしれません。

くさいにおいがすれば、近《ちか》よりたいとも食《た》べたいとも思《おも》いません。だから、そうしたきけんをさけられるのです。

くさった食《た》べ物《もの》はにおいでわかるから、おなかをこわさずにすむのね。
うう……食《た》べられないよ！
プ〜ン

人間《にんげん》がくさいと感《かん》じるにおいも、すべての動物《どうぶつ》にとってそうだとはかぎりません。くさった肉《にく》をエサにするハエは、同《おな》じにおいをごちそうと感《かん》じます。

これを利用《りよう》していると考《かんが》えられるのが、ジャングルで見《み》られる、世界一大《せかいいちおお》きな花《はな》といわれるラフレシアです。ラフレシアはくさった肉《にく》のようなにおいでハエをおびきよせます。そして、ハエにおしべの花《か》ふんをくっつけてめしべまではこばせて、タネをつくるのです。

ラフレシアは
においでハエを
おびきよせる。
生《い》きるために
においを
利用《りよう》している
生《い》き物《もの》も
いるんだよ。
スカンクは
いやなにおいを出《だ》して、
てきをおいはらう。

第《だい》3話《わ》

クイズ

はなをつまむと味《あじ》を感《かん》じにくくなるのはどうして?

ア いたさで味《あじ》を感《かん》じられなくなるから。

イ いきがしにくくて、くるしくなるから。

ウ はなでも味《あじ》を感《かん》じているから。

食《た》べ物《もの》の味《あじ》って、したで感《かん》じているんじゃないの?

そうだよ。

したはどうやって味《あじ》を感《かん》じているの?

したには「味《み》らい」というところがたくさんあって、下《した》にあるような、5しゅるいの味《あじ》を感《かん》じとるんだ。

へえ。じゃあ、はなをつまんだって味《あじ》は感《かん》じられそうなんだけどなあ。

どうして感《かん》じられなくなるのかな?

あれ?
「からさ」が
ないぞ?

したで感《かん》じとる5つの味《あじ》

あまさ
すっぱさ
にがさ
塩
しょっぱさ
うまみ

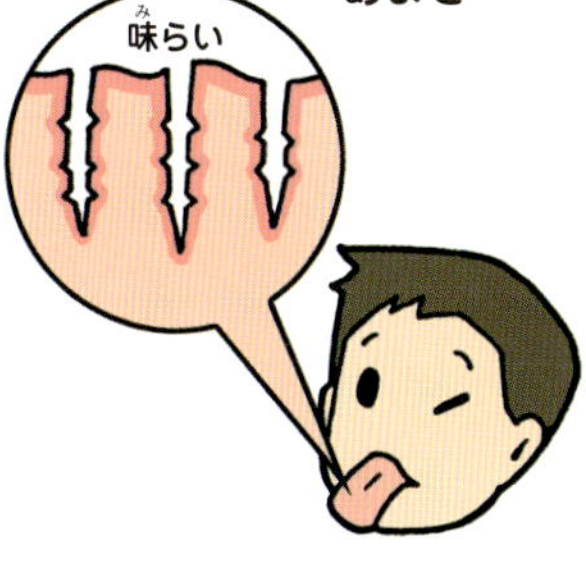

味《み》らい

答《こた》えは次《つぎ》のページ!

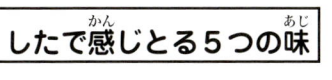

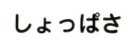

答《こた》え

ウ　はなでも味《あじ》を感《かん》じているから。

【解説《かいせつ》】

はなをつまむと味《あじ》が感《かん》じにくくなるのは、わたしたちが、しただけでなく、においなどでも味《あじ》を感《かん》じているからです。

わたしたちは食《た》べ物《もの》を見《み》て、音《おと》を聞《き》いて、においをかいで、したや歯《は》でさわって、したで味《あじ》のしゅるいを感《かん》じとっています。これらすべてが、味《あじ》を感《かん》じるもとになっているのです。この5つの感《かん》かくを「五感《ごかん》」と

味《あじ》を感《かん》じるしくみ

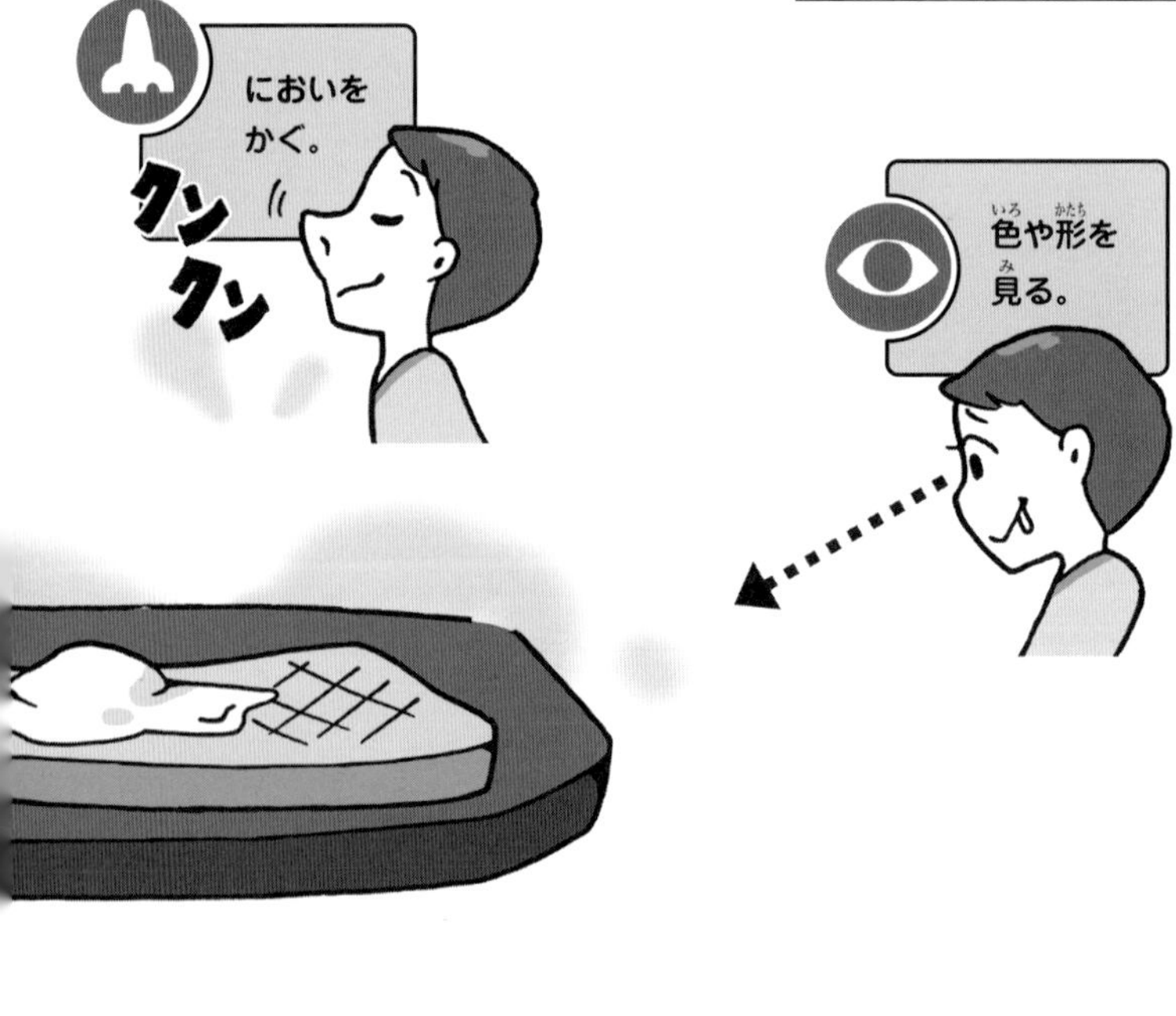

いいます。

五感《ごかん》のうち、どれかひとつがなくなっても、食《た》べ物《もの》の味《あじ》は変《か》わってしまいます。

たとえば、イチゴ味《あじ》のかき氷《ごおり》とメロン味《あじ》のかき氷《ごおり》を、どちらもはなをつまんで食《た》べてみてください。同《おな》じように「あまい」と感《かん》じるだけで、ちがいがわからないはずです。

イチゴやメロンのにおいがセットになってはじめて、「イチゴ味《あじ》」「メロン味《あじ》」と感《かん》じられるのです。

音《おと》を聞《き》く。

ジュー
あまさやすっぱさなどを感《かん》じる。

やわらかさなどを感《かん》じる。

「からさ」はしたで感《かん》じとる味《あじ》ではなく、「いたい」という感《かん》じと、においがまざって感《かん》じる味《あじ》なんだ。

第《だい》4話《わ》

カラフルな鳥《とり》だな！
長《なが》いまつげ!!
あれはまつげじゃなくてただのもようだ。

クイズ

人間《にんげん》のまつげは何《なん》のためにあるの？

ア 目《め》をかっこよく見《み》せるため。

イ 目《め》の中《なか》にゴミが入《はい》らないようにするため。

ウ 車《くるま》のワイパーのように、なみだをはらうため。

まつげは、人間《にんげん》やイヌなどの、おちちを飲《の》んで育《そだ》つ「ほにゅうるい」にあるんだ。

たしかに、近所《きんじょ》の家《いえ》のイヌにはまつげがあるけど、カメにはなかったかも。

動物園《どうぶつえん》で見《み》たラクダは、ものすごく長《なが》いまつげがあったよ！

でも、まつげって何《なん》の役《やく》にも立《た》っていないような気《き》がするけど、何《なん》であるんだろう？

まつげがある。
鳥《とり》でもダチョウなどのように長《なが》いまつげがあるものもいるよ。
まつげがない。
答《こた》えは次《つぎ》のページ！

答《こた》え

イ 目《め》の中《なか》にゴミが入《はい》らないようにするため。

【解説《かいせつ》】

目《め》は、とてもきずつきやすいので、ゴミなどが入《はい》ると、見《み》えなくなってしまうかもしれません。

しかし、まつげがあると、ゴミなどが風《かぜ》で飛《と》んできても、目《め》に入《はい》るのをじゃましてくれます。また、まつげにゴミなどがふれると、そのことが体《からだ》につたわって、まぶたがとじます。

まつげが長《なが》いほうがゴミが入《はい》りにくいね。
ゴミ

パチ
パチ
パチ
パチ
さばくでくらすラクダは、
すなが目《め》に入《はい》らないよう
長《なが》いまつげを
もっているのさ。

では、目《め》の上《うえ》にあるまゆげは何《なん》のために
あると思《おも》いますか？
これは、雨《あめ》やひたいのあせが目《め》に入《はい》るの
をふせぐ役目《やくめ》をしているといわれています。
また、感《かん》じょうをあらわすためにあるとも
いわれています。

しかめっつらをするとき
まゆをよせたり
するもんな。

第《だい》5話《わ》

クイズ

なみだはなぜ出《で》るの？

ア 目《め》を守《まも》るため。

イ 古《ふる》くなった体《からだ》の中《なか》の水《みず》をすてるため。

ウ はだをきれいにするため。

なみだって、とてもかなしいときにも、感動《かんどう》したときにも出《で》るよね。

あと、風《かぜ》がふいて目《め》にゴミやすなが入《はい》っちゃったときにもね。

なみだが出《で》るのは、そんなとくべつなときだけじゃないぞ。

どういうこと？

じつは、目《め》からはいつも少《すこ》しずつなみだが出《で》ているんだ。今《いま》だって、みんなの目《め》からなみだは出《で》てるんだぞ。

とてもうれしいときやかなしいとき。

目《め》にゴミが入《はい》ったとき。

とくべつなことがなくても、いつもなみだが出《で》ている？

いつでもなみだが出《で》てるなんてほんとかな？
答《こた》えは次《つぎ》のページ！

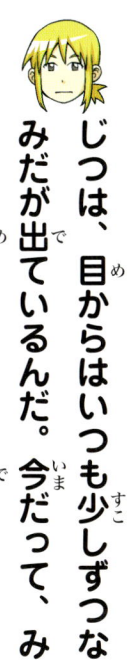

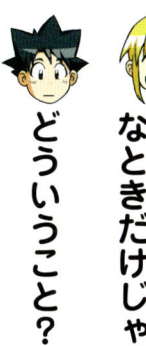

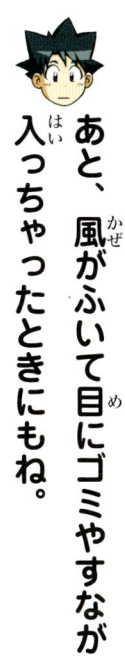

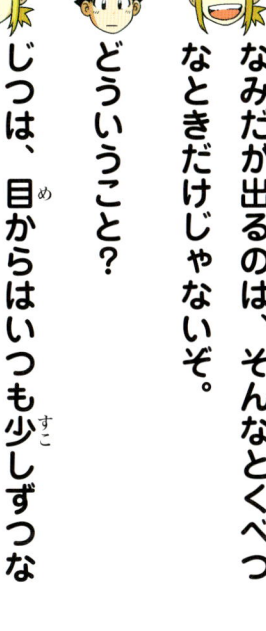

答《こた》え

ア

目《め》を守《まも》るため。

【解説《かいせつ》】

体《からだ》の中《なか》の目《め》の近《ちか》くには、「るいせん」というふくろがあります。なみだはそのふくろの中《なか》でつくられて、目《め》におくられます。

るいせんからは、いつも目《め》にほんの少《すこ》しずつなみだがおくられています。だから、なみだはいつもうすく目《め》をおおって、ほこりなどから守《まも》っているのです。

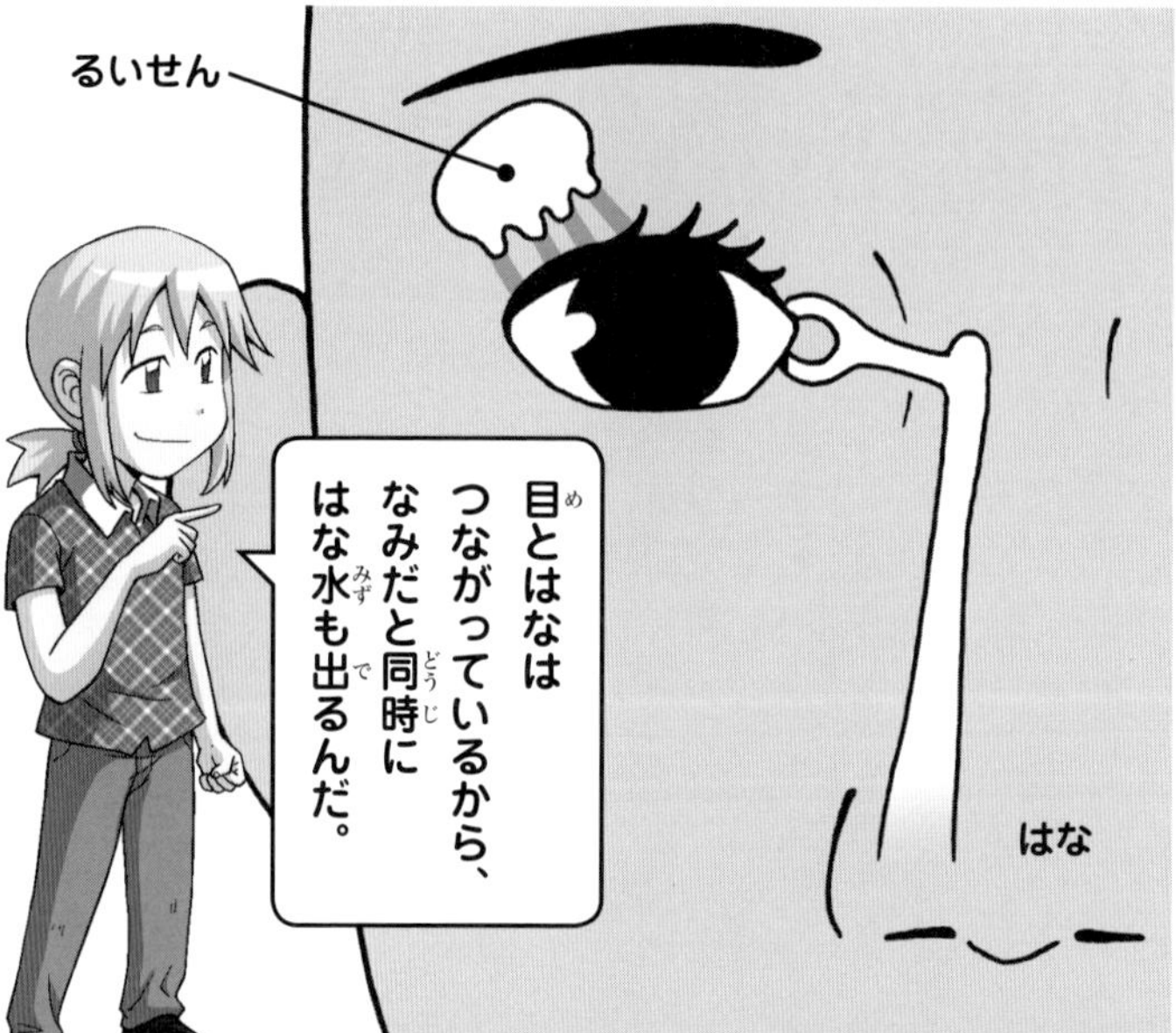
るいせん
目《め》とはなはつながっているから、なみだと同時《どうじ》にはな水《みず》も出《で》るんだ。
はな

強《つよ》い風《かぜ》がふいたりして、目《め》にゴミが入《はい》ると、るいせんからたくさんのなみだが出《で》て目《め》にはこばれます。なみだがゴミなどをあらい流《なが》し、目《め》を守《まも》ってくれるのです。

また、なみだには、ばいきんをやっつけるはたらきもあります。

それから、目《め》を守《まも》るときだけでなく、とてもかなしかったり、とてもうれしかったりなど、感動《かんどう》したりしたときにも、なみだが出《で》ます。

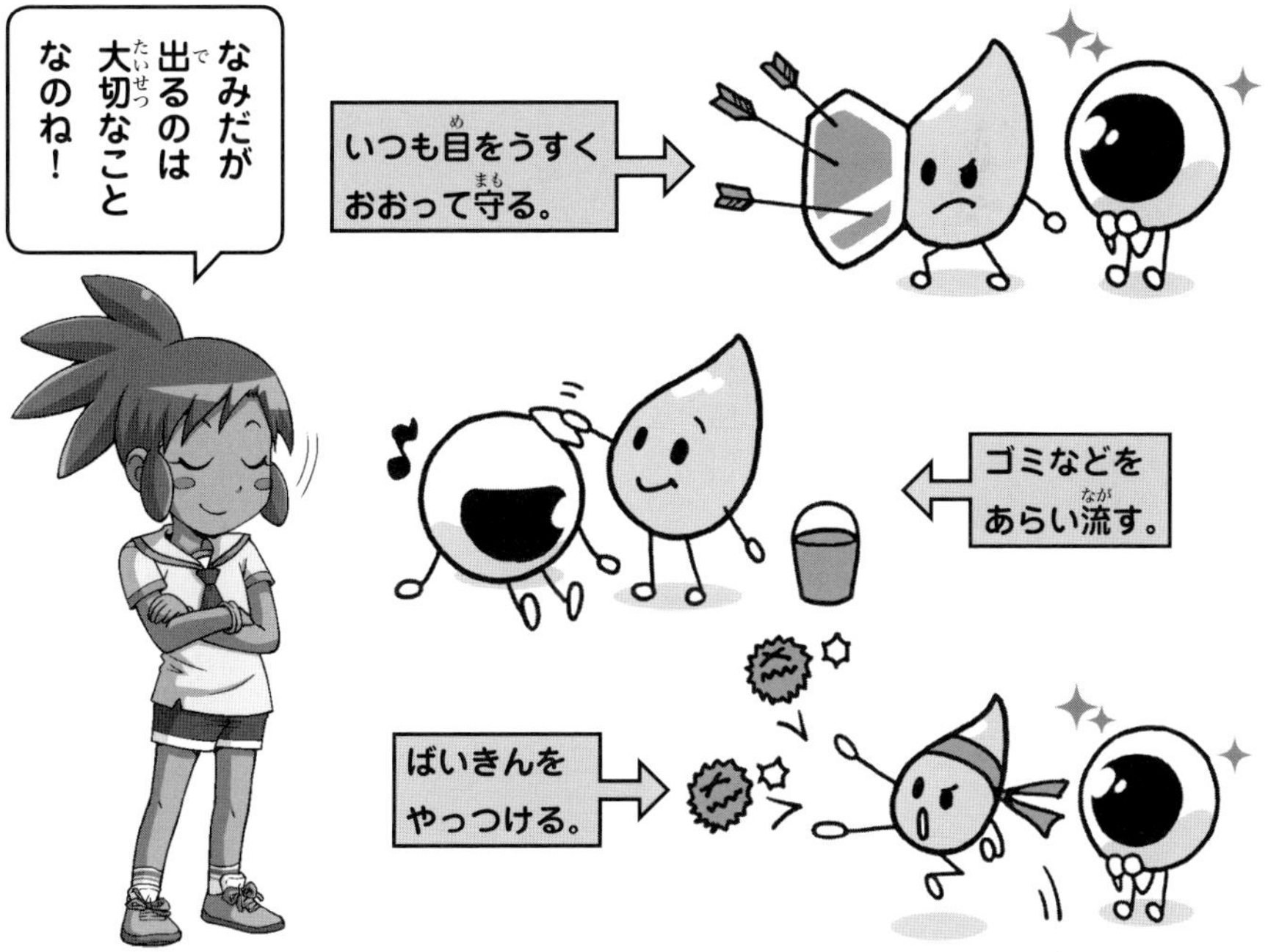
なみだが出《で》るのは大切《たいせつ》なことなのね！
いつも目《め》をうすくおおって守《まも》る。
ゴミなどをあらい流《なが》す。
ばいきんをやっつける。

第《だい》6話《わ》

ふー。ひどい目《め》にあったよ。

ケイの頭《あたま》フンで真《ま》っ白《しろ》！
おじいさんみたい～。

クイズ

年《とし》をとるとかみの毛《け》が白《しろ》くなるのはどうして？

ア 白《しろ》い色《いろ》のもとができるから。

イ かみの毛《け》の色《いろ》のもとがなくなるから。

ウ かみの中《なか》の水分《すいぶん》がこおるから。

かみの毛《け》の色《いろ》は人《ひと》によってちがうよね。どうしてちがうのかな？

かみの毛《け》の色《いろ》のもとになるメラニンというのが、そのかぎをにぎっているんだ。

メラニン？　変《へん》な名前《なまえ》！

メラニンには2しゅるいあって、どちらがどれくらいあるかで、黒《くろ》くなったり、金色《きんいろ》になったりするんだ。

でもさ、もともとはちがう色《いろ》でも、年《とし》をとるとみんな白《しろ》くなるよね？

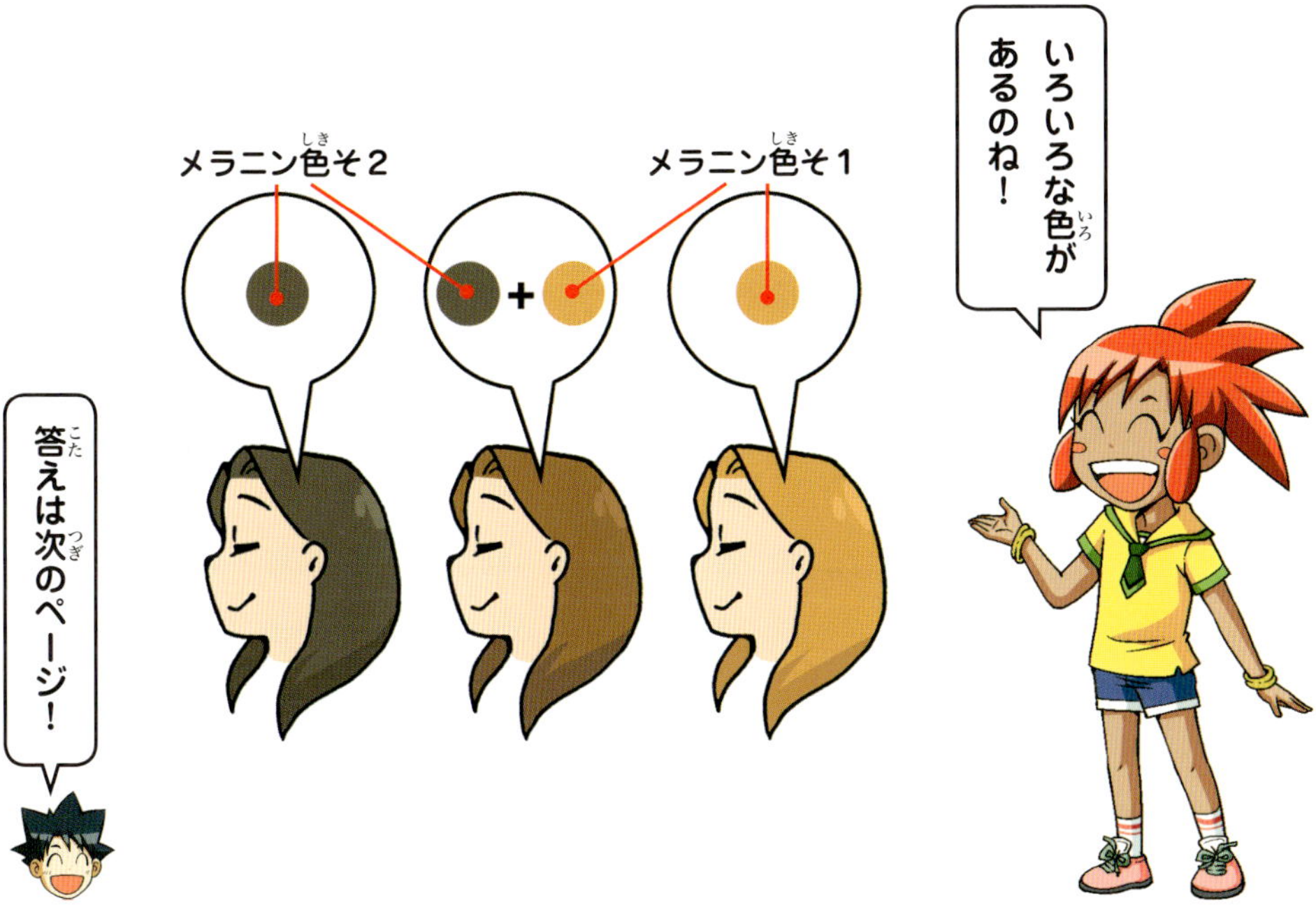
いろいろな色《いろ》があるのね！
メラニン色《しき》そ１
メラニン色《しき》そ２
答《こた》えは次《つぎ》のページ！

答《こた》え

イ かみの毛《け》の色《いろ》のもとがなくなるから。

【解説《かいせつ》】

かみの毛《け》の色《いろ》のもととなる成分《せいぶん》のメラニンは、かみの毛《け》の根元《ねもと》にある「色《しき》そ細《さい》ぼう」というところでつくられます。

ところが、年《とし》をとると、色《しき》そ細《さい》ぼうが少《すく》なくなり、メラニンがあまりたくさんつくられなくなります。だから、かみの毛《け》が白《しろ》っぽく見《み》えるようになるのです。

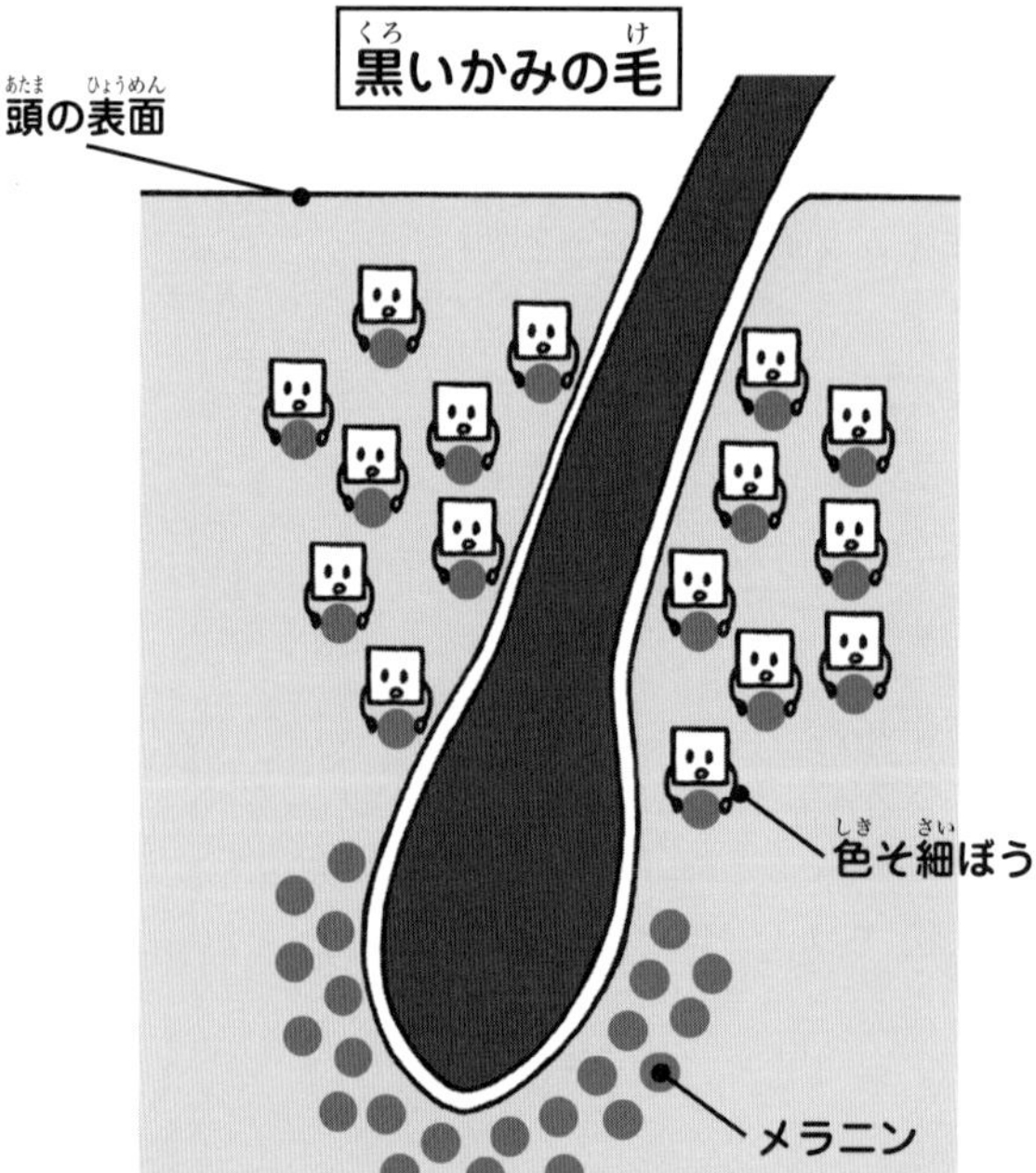

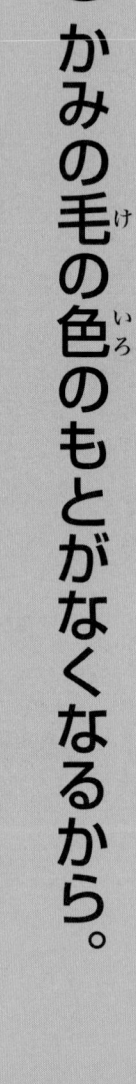

白《しろ》いかみの毛《け》をぬくと、あとから元《もと》の色《いろ》のかみの毛《け》が生《は》えてくることがあります。これは、色《しき》そ細《さい》ぼうがメラニンをつくりだすはたらきが元《もと》にもどったからだと考《かんが》えられます。メラニンをつくりだすはたらきがおとろえたままだと、あとから生《は》えるかみの毛《け》は、白《しろ》くなります。

また、かみの毛《け》をぬくと、根元《ねもと》にある毛《け》をつくる部分《ぶぶん》がきずつき、かみの毛《け》が生《は》えてこなくなることもあります。だから、むりにぬかないほうがいいでしょう。

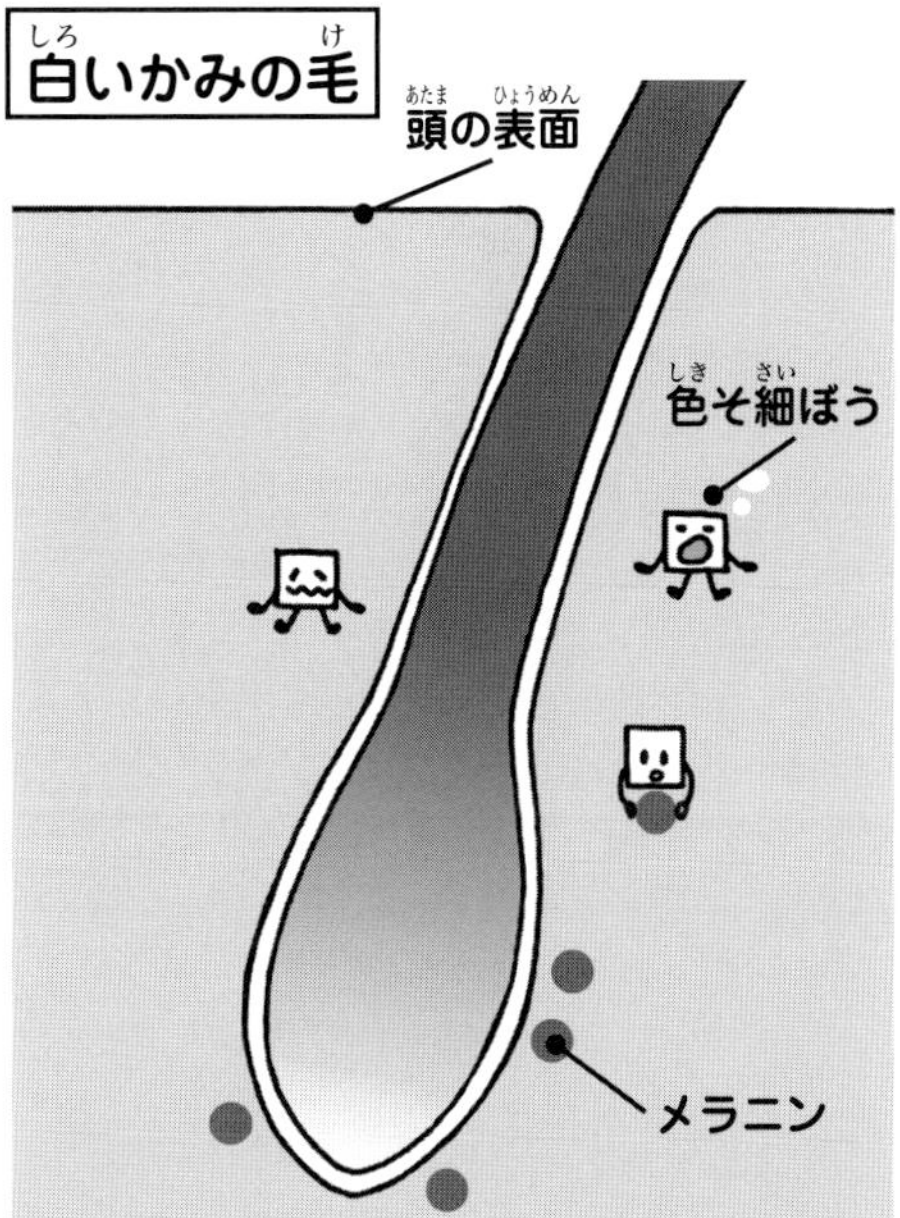
白《しろ》いかみの毛《け》
頭《あたま》の表面《ひょうめん》
色《しき》そ細《さい》ぼう
メラニン

メラニンがへると
色《いろ》がうすくなるんだな。

第《だい》7話《わ》

さっきの鳥《とり》がねむってる！
ゆめを見《み》ているのかな？
ふん！悪《わる》いゆめを見《み》るがいい！

クイズ

ゆめを見《み》るのはどんなとき？

ア ねむりが浅《あさ》いときだけに見《み》る。

イ ねむりが深《ふか》いときだけに見《み》る。

ウ ねむりが浅《あさ》いときも深《ふか》いときも見《み》る。

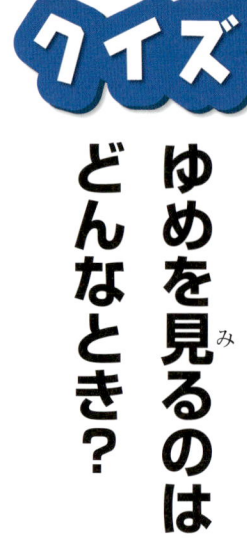

ぼくたちがねむるのは、体《からだ》やのうをしっかりと休《やす》ませるためだ。

ピピの体《からだ》は、ねてても休《やす》んでないことがあるぞ。ねぞうがわるくて、このあいだ、おなかをけられたよ。

えへへ。ごめん。

ねむりが浅《あさ》いときは、のうがはたらいていることがある。

へえ！　ゆめは、そんなふうにねむりが浅《あさ》いときだけに見《み》るのかな？

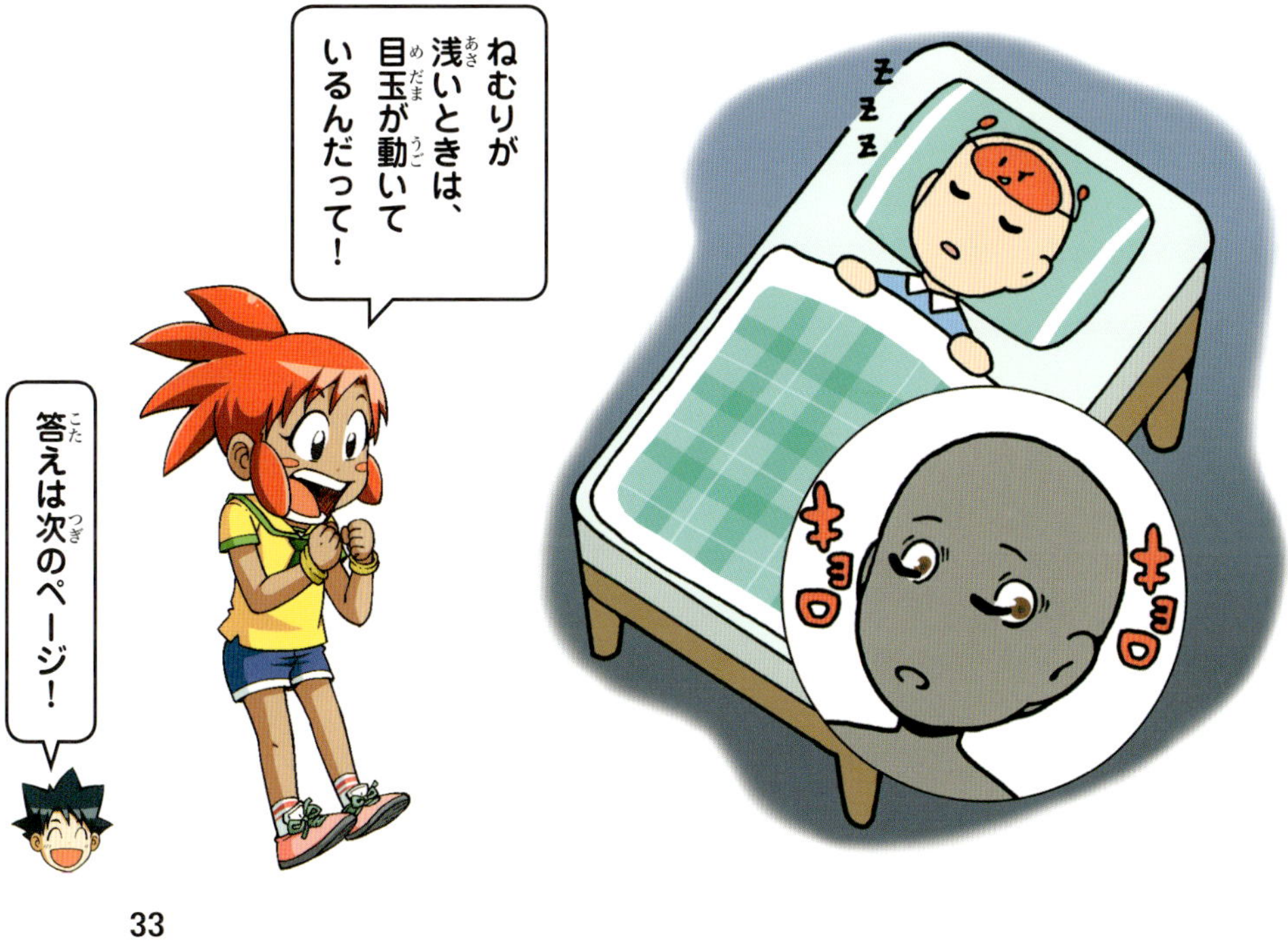

ねむりが浅《あさ》いときは、目玉《めだま》が動《うご》いているんだって！
キョロ
キョロ
答《こた》えは次《つぎ》のページ！

答《こた》え

ウ ねむりが浅《あさ》いときも深《ふか》いときも見《み》る。

【解説《かいせつ》】

ゆめをよく見《み》るのは、ねむりが浅《あさ》く、のうがはたらいているときです。

でも、のうが休《やす》んでいる、ねむりの深《ふか》いときでも、ゆめをまったく見《み》ないわけではありません。

わたしたちは、ひとばんにたくさんのゆめを見《み》ます。しかし、そのうちのひとつしかおぼえていないのです。

ひとばんでたくさんゆめを見《み》るけれど……。

ねむりが浅《あさ》く、のうがはたらいているときには、うれしい、かなしい、楽《たの》しい、こわいなどの気《き》もちがはっきりしていて、物《もの》語《がたり》のようにハラハラドキドキするゆめをよく見《み》ます。

ねむりが深《ふか》くて、のうがあまりはたらいていないときに見《み》るゆめは、風《ふう》けいなどのおとなしいものが多《おお》く、いんしょうに強《つよ》くのこりません。

だから、ねむりが浅《あさ》いときのゆめのほうをよくおぼえているのです。

おぼえているのはひとつだけ。
パッ
パッ
見《み》たゆめを
ぜんぶ
おぼえていたら
いいのにな！

第《だい》8話《わ》

うう。あつくてあせが止《と》まらない。
体《からだ》じゅうあせかいたら、シャワーと同《おな》じよ！
同《おな》じじゃない！

クイズ

あついとあせが出《で》るのはどうして？

ア 体《からだ》をひやすため。

イ 体《からだ》をぬらすため。

ウ 体《からだ》にえいようをあたえるため。

うう。あせで服《ふく》がびっしょりぬれて気《き》もちがわるい。

ねえ、ケイ。人間《にんげん》は1日《にち》にどのくらいあせをかくの?

夏《なつ》のとくにあつい日《ひ》には、1日《にち》で5～10リットル、大《おお》きなペットボトル5本分《ほんぶん》もかくんだよ。

そんなにたくさん?

あつい日《ひ》にあせをかくのは、体《からだ》にとって大切《たいせつ》なわけがあるからね。

1日《にち》にペットボトル5本分《ほんぶん》!!

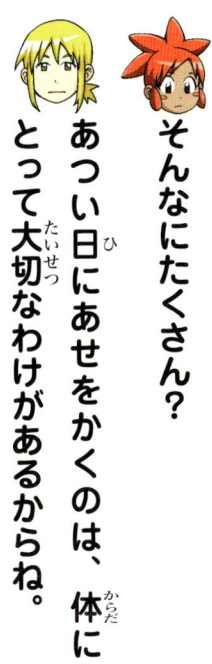

答《こた》え

ア 体《からだ》をひやすため。

【解説《かいせつ》】

あせは、あつくなりすぎた体《からだ》をひやすはたらきをしています。

体《からだ》の中《なか》から出《で》てきたあせは、お日《ひ》さまにあたったりすると、すぐにかわいていきます。このとき、体《からだ》の表面《ひょうめん》の熱《ねつ》もいっしょにうばっていくため、体温《たいおん》も少《すこ》し下《さ》がるのです。

人間《にんげん》の体温《たいおん》は、だいたい36～37度《ど》くらいです。この温度《おんど》だと、体《からだ》のさまざまなはたらきがうまくいきます。

ところが、体温《たいおん》がきゅうに上《あ》がると、体《からだ》のはたらきがうまくいかなくなることがあります。あせをかいて体《からだ》をひやすのはひつようなことなのです。

でも、体《からだ》に水分《すいぶん》が足《た》りないと、あせが出《で》ずに体温《たいおん》が上《あ》がってしまうかもしれません。だから、あつい日《ひ》にはしっかりと水分《すいぶん》をとるようにしましょう。

あつい日《ひ》にこころがけたいこと
ぼうしをかぶる。
こまめに水分《すいぶん》をとる。
すずしい服《ふく》そう。
あせをかくのは体《からだ》にとって大切《たいせつ》なことなんだね！

第《だい》9話《わ》

クイズ

おふろに入《はい》るとどうしてゆびがしわしわになるの？

ア ゆびが年《とし》をとってしまうから。

イ 熱《あつ》さのためにいたむから。

ウ 水《みず》をすってふくらむから。

ふしぎなのは、しわしわになるのが手《て》のひらだけだってことだよな。

とくにゆび先《さき》は、すごくしわしわになるよね。

いや。ほかにもしわしわになるところはあるぞ。

あっ！　足《あし》のうらだ！

そのとおり！

ということは、手《て》のひらと足《あし》のうらに何《なに》かひみつがあるんだな。

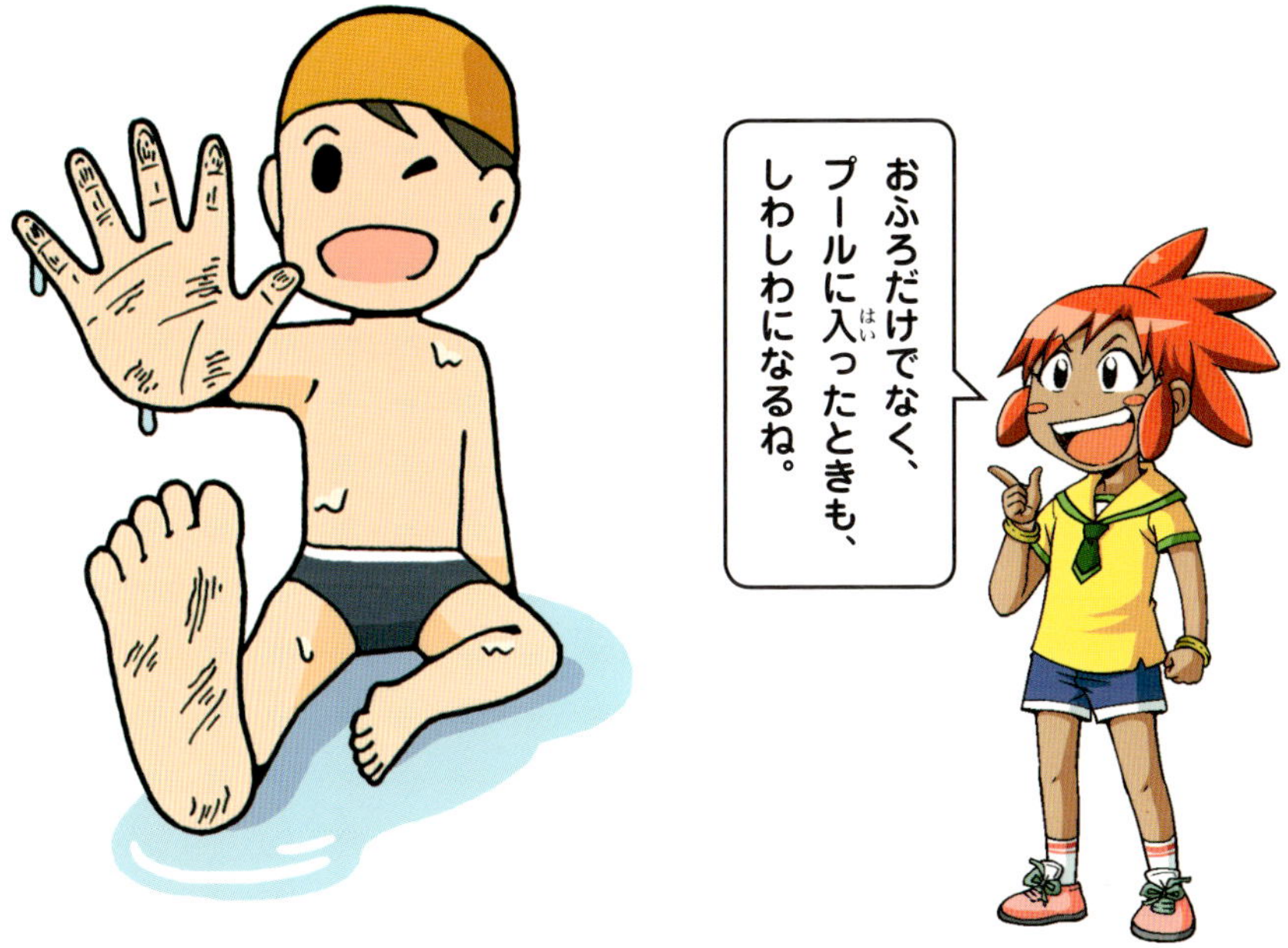
おふろだけでなく、プールに入《はい》ったときも、しわしわになるね。

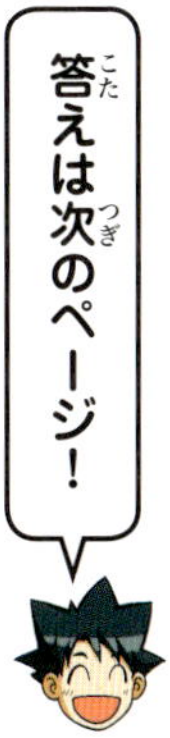
答《こた》えは次《つぎ》のページ！

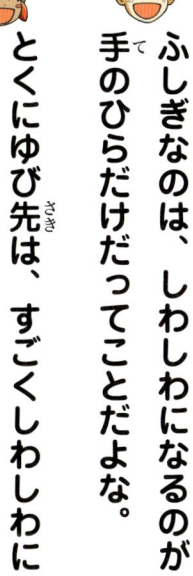

答《こた》え

ウ　水《みず》をすってふくらむから。

【解説《かいせつ》】

皮《ひ》ふの表面《ひょうめん》は、「細《さい》ぼう」という小《ちい》さなへやのようなものがたくさん集《あつ》まって、「角《かく》しつそう」をつくっています。

おふろや水《みず》の中《なか》に入《はい》ると、角《かく》しつそうの細《さい》ぼうは、水《みず》をすってふくらみます。このため、皮《ひ》ふがでこぼこになり、しわができるのです。

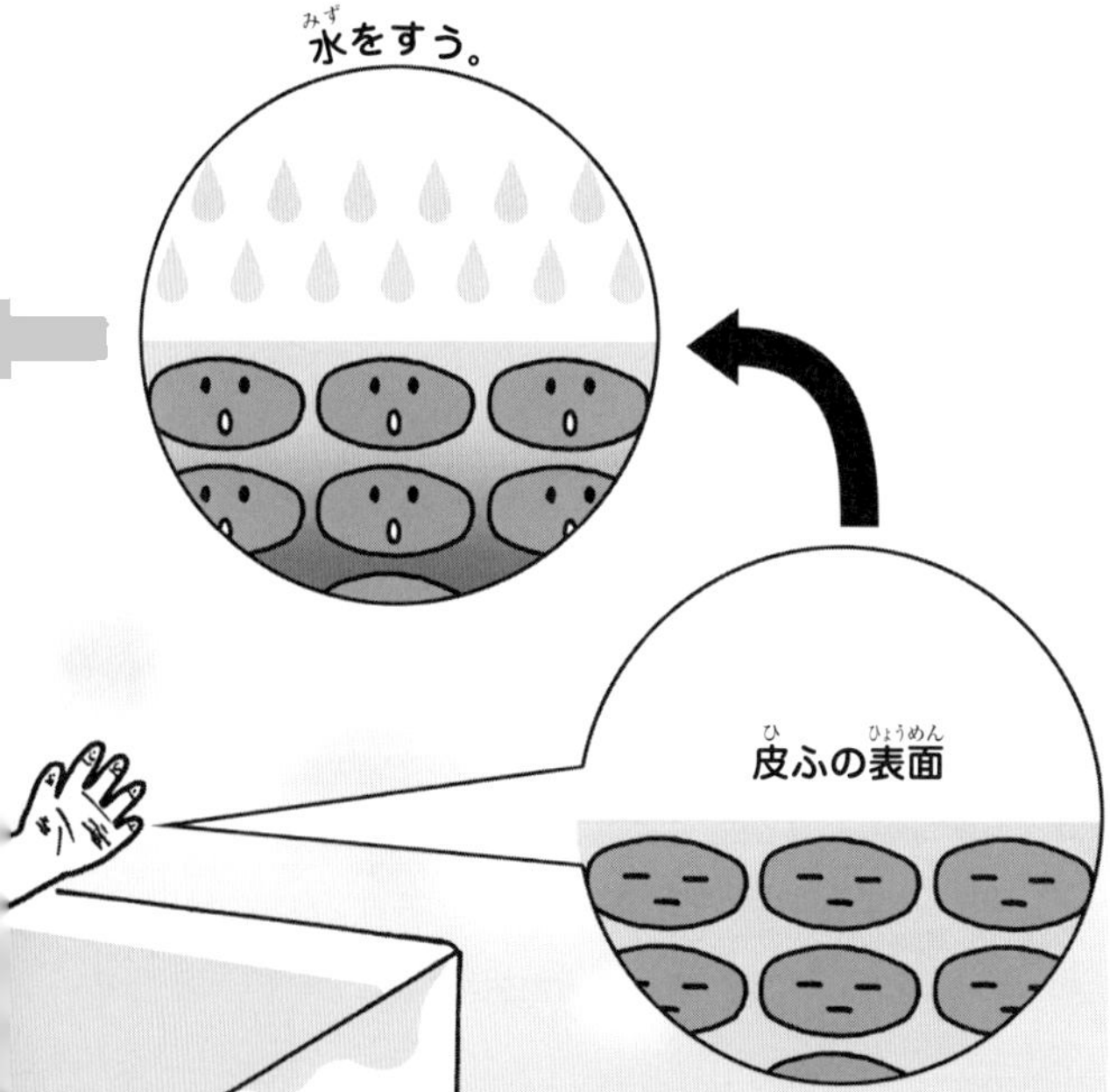

角《かく》しつそうのあつさは、体《からだ》の場所《ばしょ》によってちがいます。手《て》のひらや足《あし》のうらは、体《からだ》の中《なか》でもとくに角《かく》しつそうがあつく、顔《かお》の皮《ひ》ふの10ばいもあります。だから、ほかの部分《ぶぶん》よりもよく水《みず》をすって、しわがたくさんできます。

　また、手《て》のひらにできたしわは横《よこ》に広《ひろ》がってのびようとします。しかし、ゆび先《さき》にはかたいつめがあるため、広《ひろ》がりません。このため、ゆび先《さき》にはとくにしわができるのです。

ふくらんでしわしわに。
時間《じかん》がたつと細《さい》ぼうから水分《すいぶん》が出《で》ていくので、元《もと》にもどるんだ。

第《だい》10話《わ》

あれ？
時計《とけい》が回《まわ》り
はじめたぞ？
いったい
何《なん》だろう？
しまった！
時間切《じかんぎ》れだ！
……。
時間《じかん》がくると
しゅん間《かん》いどうする
時計《とけい》だったんだよ。
うう。
北国《きたぐに》に
いどうする
なんて！

クイズ

さむいといきが白《しろ》くなるのはどうして？

ア いきの中《なか》の水分《すいぶん》が、こおって白《しろ》くなるから。

イ いきの中《なか》の水分《すいぶん》がじょうはつするから。

ウ いきの中《なか》の水分《すいぶん》が、目《め》に見《み》えるぐらいのかたまりになるから。

いきが白《しろ》くなるのは、冬《ふゆ》だけだよね。温度《おんど》とかんけいがあるのかな？

冬《ふゆ》でもさむくない日《ひ》には、いきは白《しろ》くならないもんね。

そのとおり。でも、温度《おんど》のほかにもかんけいしているものがあるぞ。

何《なに》、何《なに》？

はいたいきの中《なか》には、目《め》に見《み》えないけど水《みず》がふくまれている。この水《みず》もいきが白《しろ》くなるのにかんけいしているのさ。

答《こた》え

ウ いきの中《なか》の水分《すいぶん》が、目《め》に見《み》えるぐらいのかたまりになるから。

【解説《かいせつ》】はくいきには、「水《すい》じょう気《き》」という目《め》に見《み》えない水《みず》がふくまれています。

水《すい》じょう気《き》は、きゅうにひやされると細《こま》かい水《みず》のつぶになります。そして、空気中《くうきちゅう》のチリなどにぶつかってくっつき、どんどん大《おお》きくなって、白《しろ》く見《み》えるようになるのです。

わたしたちがはくいきの温度《おんど》は、体温《たいおん》と同《おな》じ36度《ど》から37度《ど》ぐらいです。

冬《ふゆ》は、まわりの気温《きおん》がそれよりもとても低《ひく》いので、水《みず》のつぶがたくさんできて、いきは白《しろ》くなります。

夏《なつ》は、まわりの気温《きおん》がいきの温度《おんど》とそれほど変《か》わらないので、水《みず》のつぶがあまりできず、いきは白《しろ》くなりません。

また、南極《なんきょく》はとてもさむいところですが、空気《くうき》がきれいで、チリがないので、いきは白《しろ》くなりません。

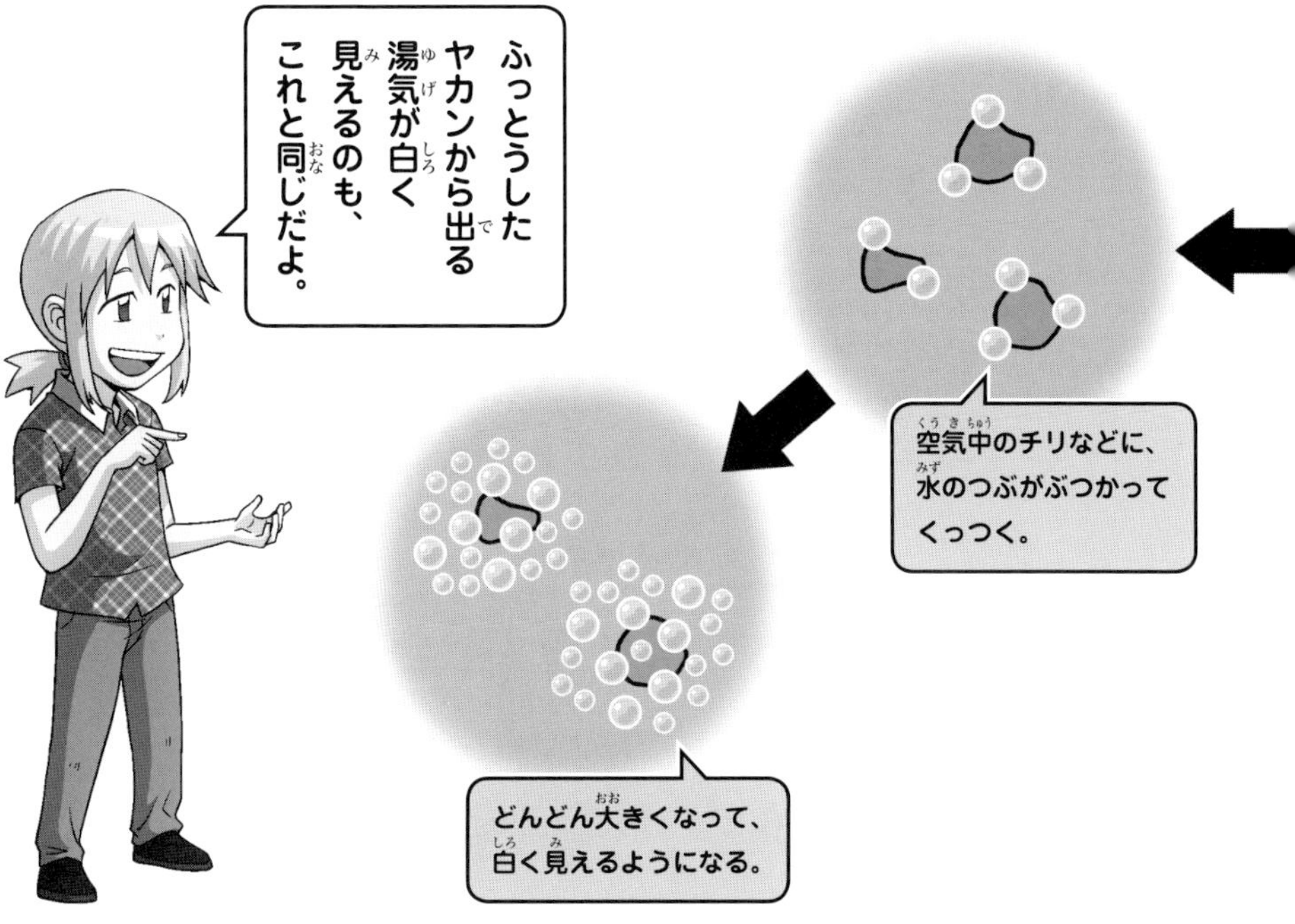
ふっとうしたヤカンから出《で》る湯気《ゆげ》が白《しろ》く見《み》えるのも、これと同《おな》じだよ。
空気中《くうきちゅう》のチリなどに、水《みず》のつぶがぶつかってくっつく。
どんどん大《おお》きくなって、白《しろ》く見《み》えるようになる。

人体《じんたい》のサバイバル ビックリ豆《まめ》ちしき！

1 あせはどうして しょっぱいの？

あせをなめてみるとしょっぱいね。これは、あせの中《なか》に塩《しお》がふくまれているからだよ。

2 かみの毛《け》は1カ月《げつ》に どのくらいのびる？

人《ひと》にもよるけれど、1カ月《げつ》に1センチメートルとちょっとくらいのびるんだって。

人間《にんげん》の体《からだ》の中《なか》には、たくさんの塩水《しおみず》が入《はい》っている。あせとして出《で》てくるのは、この体《からだ》の中《なか》の塩水《しおみず》の一部《いちぶ》なんだ。だから、一生《いっしょう》けんめいうんどうをして、あせをかきすぎたときには、水分《すいぶん》だけでなく、塩《えん》分《ぶん》をとることも大切《たいせつ》なんだ。

ちなみに、同《おな》じようにしょっぱい海《うみ》の水《みず》とくらべると、あっとうてきに、あせよりも、海《うみ》の水《みず》のほうがしょっぱいよ。

1年《ねん》ではだいたい12センチメートル。けっこうのびるんだね。

かみの毛《け》を切《き》ってもいたくないのは、かみの毛《け》には、皮《ひ》ふや歯《は》のように、いたみを感《かん》じるしんけいが通《とお》っていないからだよ。

ところで、世界一《せかいいち》かみの毛《け》の長《なが》い記《き》ろく（※）は、中国《ちゅうごく》の女《おんな》の人《ひと》で、その長《なが》さは、なんと5・6メートルだって！

※「ギネス世界記録《せかいきろく》」による。2018年現在《ねんげんざい》

あせはなめたりしちゃダメだよ！

生《い》き物《もの》のサバイバル

「ふしぎ生《い》き物《もの》ランド」にやってきた
ジオ、ピピ、ケイ。

クイズに答《こた》えて、おべんとうと
デザートを手《て》に入《い》れよう！

第《だい》1話《わ》

クイズ

ゾウは大《おお》きいことでどんなとくがあるの？

ア　なかまが見《み》つけやすい。

イ　ライオンなどにおそわれない。

ウ　高《たか》くジャンプできる。

ゾウだけじゃなくって、キリンやカバ、サイも大《おお》きいね。

みんな草食動物《そうしょくどうぶつ》だね。

どれもアフリカのサバンナにすんでいるよ。サバンナというのは、ところどころに木《き》が生《は》えている草原《そうげん》のことだ。

サバンナには、ライオンとかチーターとか、肉食動物《にくしょくどうぶつ》もすんでいるよね。

肉食動物《にくしょくどうぶつ》は、草食動物《そうしょくどうぶつ》をおそって食《た》べるんだよ。

サバンナにはいろんな動物《どうぶつ》がすんでいるんだね！
答《こた》えは次《つぎ》のページ！

答《こた》え

イ　ライオンなどにおそわれない。

【解説《かいせつ》】

　ライオンやチーターなどの肉食動物《にくしょくどうぶつ》は、草食動物《そうしょくどうぶつ》をおそって食《た》べますが、自分《じぶん》より体《からだ》が大《おお》きいシマウマやスイギュウをたおすのはかんたんではありません。むれの中《なか》にいるおとなのシマウマやスイギュウには、けとばされたり、おいはらわれたりするからです。そこで、むれからはぐれたおとなや、体《からだ》の小《ちい》さな子《こ》どもをねらいます。

ライオンも小《ちい》さい
動物《どうぶつ》のほうが
つかまえやすいんだね。

草食動物《そうしょくどうぶつ》でも、おとなのゾウのように体《からだ》が大《おお》きいと、ほとんどおそわれることはありません。おそいかかられても、ふみつぶすことができるからです。大《おお》きな体《からだ》は、肉食動物《にくしょくどうぶつ》から身《み》を守《まも》ることに役立《やくだ》っているのです。

でも、はるか大昔《おおむかし》にいたゾウの先祖《せんぞ》は、体《からだ》の長《なが》さが60センチメートル、体重《たいじゅう》も15キログラムほどで、イヌくらいの大《おお》きさでした。長《なが》い年月《ねんげつ》のうちに、ゾウのなかまの体《からだ》は大《おお》きくなっていったのです。

第《だい》2話《わ》

この部屋《へや》真《ま》っ白《しろ》だ。
どんな動物《どうぶつ》がいるのかな?

ゲッ!シロクマ?
白《しろ》いから気《き》づかなかった!

クイズ

シロクマの白《しろ》い毛《け》の下《した》のはだは何色《なにいろ》?

ア 白《しろ》。

イ ピンク。

ウ 黒《くろ》。

シロクマは、正《ただ》しくはホッキョクグマというよ。北極《ほっきょく》の近《ちか》くにすんでいるからさ。雪《ゆき》や氷《こおり》におおわれた海辺《うみべ》や、海《うみ》にうかぶ氷《こおり》の上《うえ》でくらしているよ。

何《なに》を食《た》べているの？

よく食《た》べるのはアザラシさ。鳥《とり》やたまごを食《た》べることもあるよ。

真《ま》っ白《しろ》な氷《こおり》の上《うえ》でえものをおそうとき、体《からだ》の毛《け》が白《しろ》いと目立《めだ》たないから、気《き》づかれにくいね。

毛《け》の下《した》のはだも白《しろ》いのかな？

答《こた》えは次《つぎ》のページ！

答《こた》え

ウ 黒《くろ》。

【解説《かいせつ》】
北極《ほっきょく》のきびしいさむさから身《み》を守《まも》るため、ホッキョクグマは、長《なが》い毛《け》をもっています。白《しろ》く見《み》えるその毛《け》をぬきとってみると、本《ほん》当《とう》は白《しろ》ではなくて、とうめいですきとおっています。

その長《なが》い毛《け》の下《した》には、黒《くろ》っぽい色《いろ》をしたはだがあります。はなのあたりを見《み》ると、それがわかります。

ホッキョクグマの毛《け》の太《ふと》さはきみのかみの毛《け》と同《おな》じぐらいだよ。

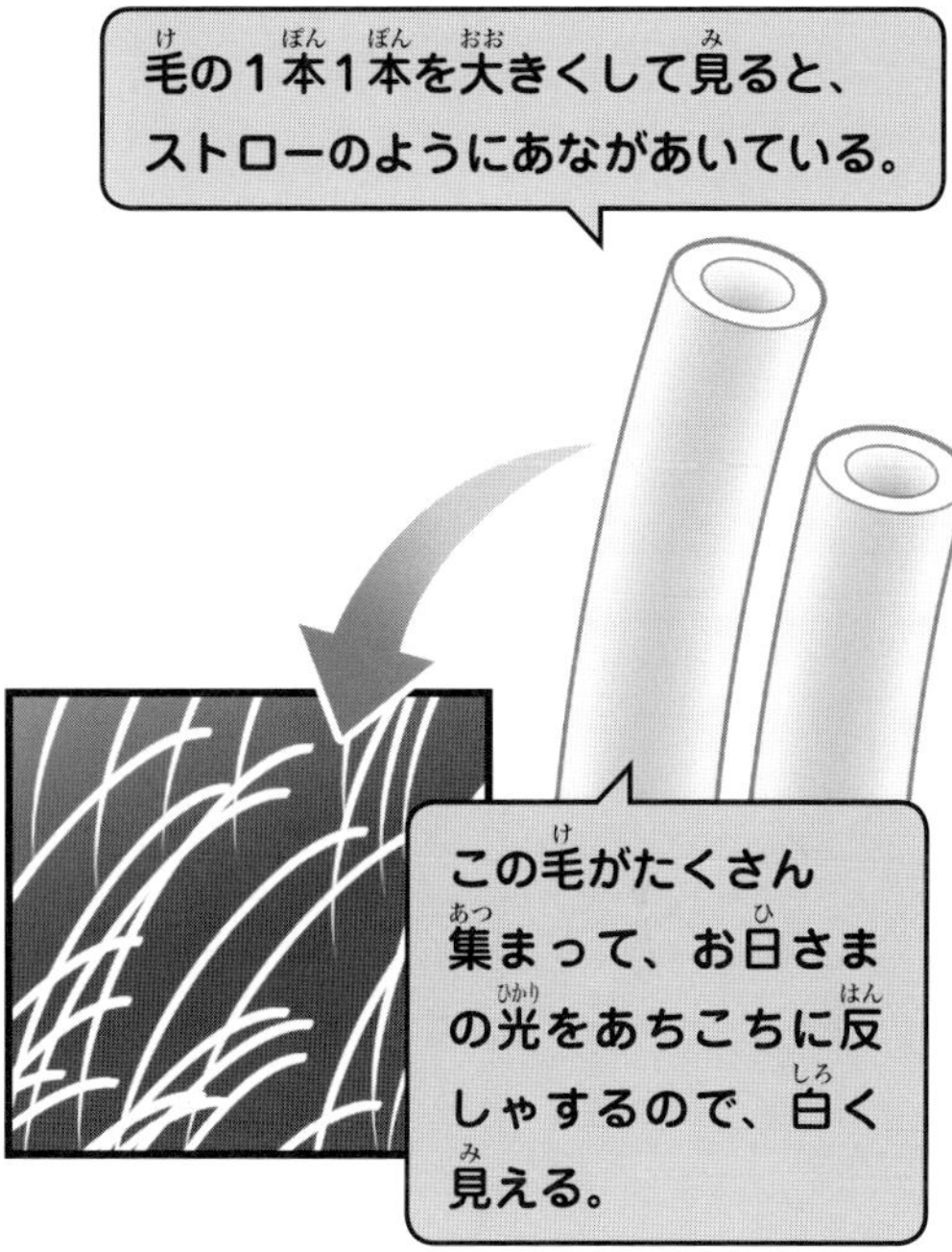
毛《け》の１本《ぼん》１本《ぼん》を大《おお》きくして見《み》ると、ストローのようにあながあいている。
この毛《け》がたくさん集《あつ》まって、お日《ひ》さまの光《ひかり》をあちこちに反《はん》しゃするので、白《しろ》く見《み》える。

ところで、ホッキョクグマの毛《け》の真《ま》ん中《なか》には、トンネルのようなあながあいています。

このあなの中《なか》にある空気《くうき》は、さむさをふせぐうえで役立《やくだ》っています。

ふわふわしたふとんの中《なか》はあたたかいでしょう。それは空気《くうき》がたくさん入《はい》っているからです。ホッキョクグマの毛《け》もそれと同《おな》じように、空気《くうき》の入《はい》った毛《け》がたくさん集《あつ》まっているので、北極《ほっきょく》のさむさをふせぐことができるのです。

第《だい》3話《わ》

クイズ

カメのこうらはぬげないの？

ア オスはぬげるが、メスはぬげない。

イ ほねとくっついているので、ぬげない。

ウ 大《おお》きくなると、だっぴしてぬげる。

「はちゅうるい」のなかま

こうらがあるのはカメだけだね！
トカゲ
ワニ
カメ
ヘビ

せなかやはらにこうらをもつカメは、おもしろい形《かたち》をしているね。どんな動物《どうぶつ》のなかまかな？

体《からだ》に毛《け》が生《は》えていないし、あしや頭《あたま》はうろこにおおわれていて、顔《かお》のあたりはトカゲとにているね。ということは、トカゲと同《おな》じなかま？

正解《せいかい》。カメはトカゲやヘビ、ワニなど同《おな》じ「はちゅうるい」なんだ。

でも、ヘビのほかは、あしが4本《ほん》あって、イヌやネコと同《おな》じだよ？

答《こた》えは次《つぎ》のページ！

答《こた》え

イ　ほねとくっついているので、ぬげない。

【解説《かいせつ》】

カメのこうらは、ほねとくっついているので、ぬぐことはできません。では、どのようにくっついているのでしょうか？

人間《にんげん》やイヌ、ネコなどの「ほにゅうるい」には、せぼねやろっこつ（あばらぼね）があります。「はちゅうるい」も体《からだ》のつくりはにているので、カメにもせぼねやろっこつがあります。

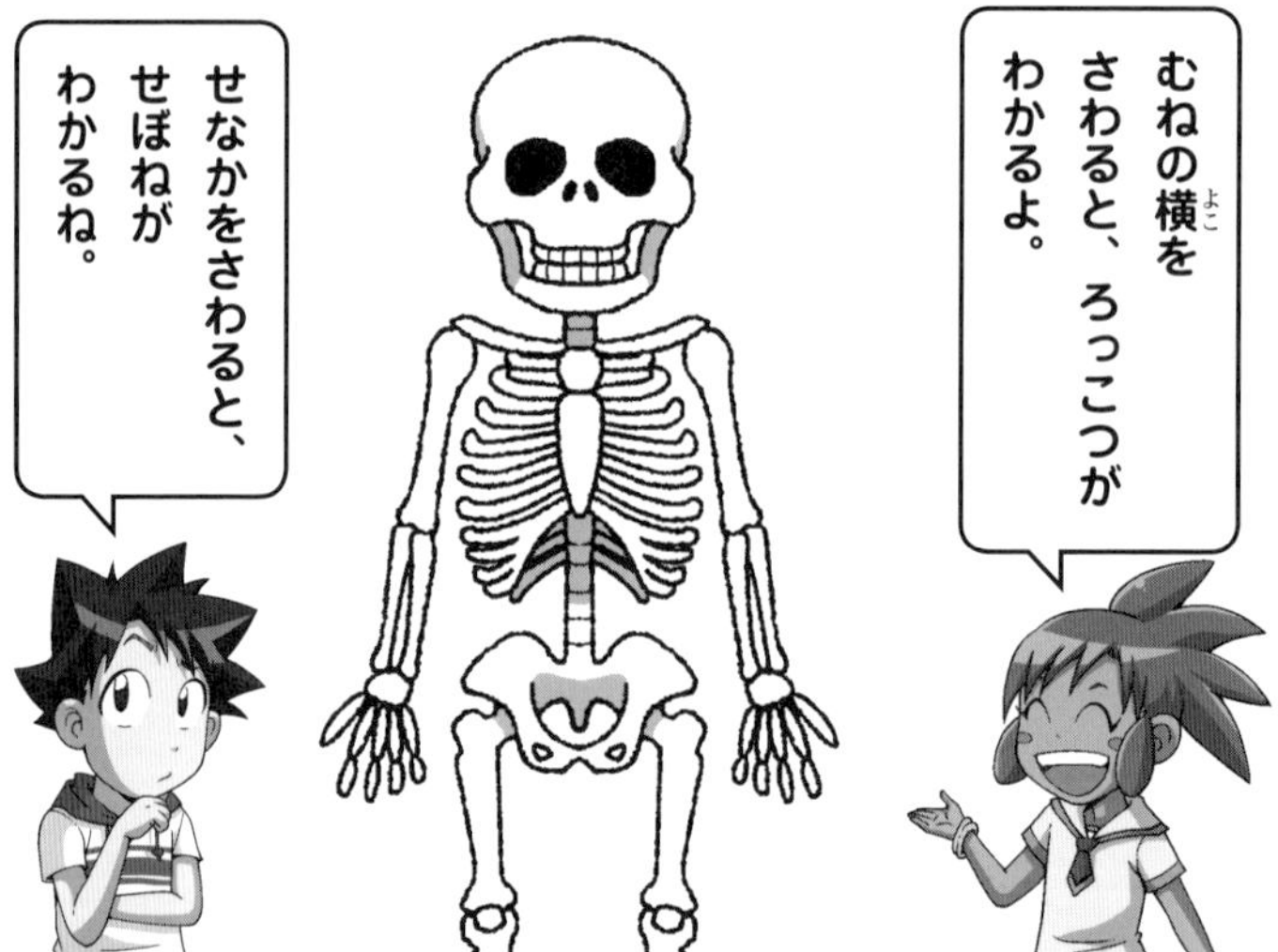
むねの横《よこ》をさわると、ろっこつがわかるよ。
せなかをさわると、せぼねがわかるね。

カメのほねとこうら

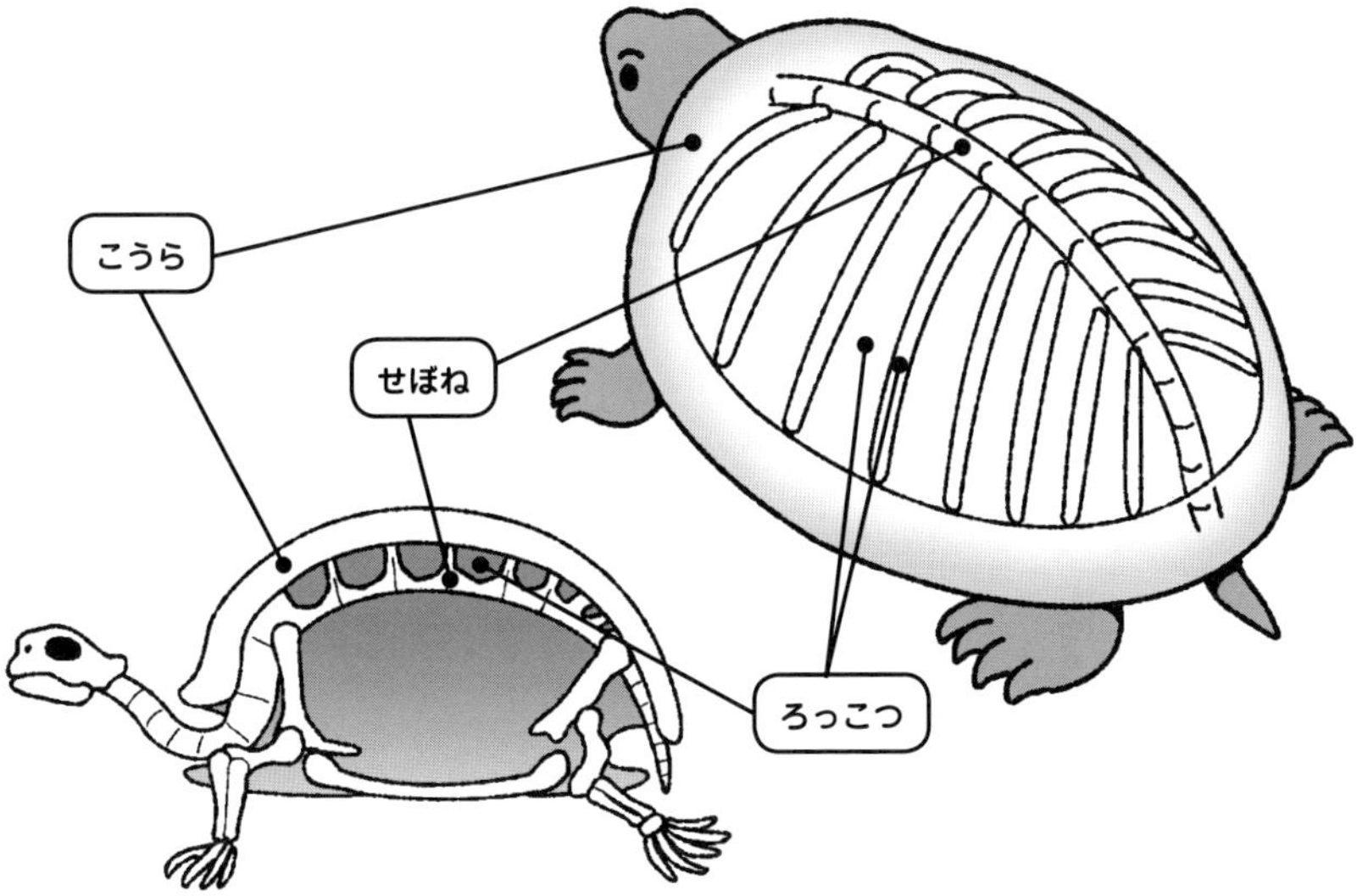
こうら
せぼね
ろっこつ

人間《にんげん》とカメのろっこつをくらべてみましょう。人間《にんげん》のろっこつは、せぼねから出《で》て、かごのような形《かたち》をつくっています。このかごが、心《しん》ぞうやはいなどの内《ない》ぞうを守《まも》っています。

いっぽう、カメのろっこつはせぼねから横《よこ》に広《ひろ》がり、板《いた》のようになっています。そして、その表面《ひょうめん》をこうらがおおうようにくっついているのです。

カメはこうらがかんじょうなはこになっていて、内《ない》ぞうを守《まも》ってるんだね。

第《だい》4話《わ》

カメさん
ごめんね！
でっかい
カメだった！
きっと100さい
くらいだぞ
カメって
そんなに
長《なが》生《い》きなの？

クイズ

いちばん長《なが》生《い》きの動物《どうぶつ》は何《なに》？

ア 400年《ねん》ぐらい生《い》きるサメのなかま。

イ 500年《ねん》ぐらい生《い》きる貝《かい》のなかま。

ウ 1000年《ねん》ぐらい生《い》きるツルのなかま。

イヌやネコは、どのくらい長《なが》生《い》きできるの？

これまで世界《せかい》でいちばん長《なが》生《い》きだったネコは38さいまで生《い》きたよ。イヌは、29さい。ただし、ふつうはイヌやネコのじゅ命《みょう》は12、13さいぐらいだ。小《ちい》さい動物《どうぶつ》は、もっとじゅ命《みょう》が短《みじか》い。ハムスターは、2、3年《ねん》さ。

じゃ、大《おお》きい動物《どうぶつ》は、どうなの？

野生《やせい》のゾウで、長《なが》くて70さいくらいといわれている。でも、もっと長《なが》生《い》きの動物《どうぶつ》がいるんだ。

ゾウ
70さい
イヌ、ネコ
12、13さい
わあ。ゾウってけっこう長《なが》生《い》きだね！
答《こた》えは次《つぎ》のページ！

答《こた》え

イ　500年《ねん》ぐらい生《い》きる貝《かい》のなかま。

【解説《かいせつ》】動物《どうぶつ》は、せぼねのある動物《どうぶつ》と、せぼねのない動物《どうぶつ》に分《わ》けられます。

これまでにわかっている記《き》ろくでいちばん長《なが》生《い》きの動物《どうぶつ》は、せぼねがない動物《どうぶつ》で、アイスランドガイという貝《かい》のなかまです。ヨーロッパとアメリカの間《あいだ》に広《ひろ》がる北大西《きたたいせい》洋《よう》で見《み》つかり、なんと507さいだったそうです。

二《に》まい貝《がい》の
からのすじを
数《かぞ》えると年《ねん》れいが
わかるんだ。
1.2.3.4…

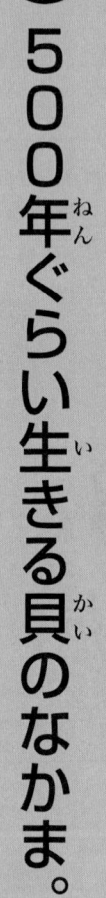

184さい
アルダブラゾウガメ
507さい
アイスランドガイ
ニシオンデンザメ
392さい
211さい
ホッキョククジラ

400年《ねん》近《ちか》く
生《い》きるサメが
いるなんて
びっくりだ！

せぼねのある動物《どうぶつ》の記《き》ろくでは、北《きた》大《たい》西《せい》洋《よう》にすむサメのなかまニシオンデンザメの３９２さい。その次《つぎ》は、ホッキョククジラで２１１さい。長《なが》生《い》きで知《し》られるカメでは、ジョナサンという名《な》のアルダブラゾウガメが１８４さいです（２０１６年《ねん》時《じ》点《てん》）。

人間《にんげん》では、１９９７年《ねん》に１２２さいと１６４日《にち》でなくなったフランス人《じん》女《じょ》性《せい》ジャンヌ・カルマンさんがいちばん。もっと長《なが》生《い》きしたという人《ひと》の話《はなし》もありますが、本当《ほんとう》かどうかはわかりません。

わたしは
1000さいまで
生《い》きたいなあ！

第《だい》5話《わ》

クイズ

いちばん長《なが》生《い》きの植物《しょくぶつ》は何年《なんねん》ぐらい生《い》きてる?

ア 5000年《ねん》ぐらい。

イ 10万《まん》年《ねん》以上《いじょう》。

ウ 1億《おく》年《ねん》以上《いじょう》。

わたしが春《はる》にタネをまいたアサガオは、秋《あき》にはかれちゃったわ。

ぼくが春《はる》にタネをまいたヒマワリも、秋《あき》にはかれちゃったな。アサガオやヒマワリは、半年《はんとし》しか生《い》きないってことかな？

うちの近所《きんじょ》のモモの木《き》は、30年《ねん》も生《い》きているよ。

草《くさ》より木《き》のほうが長《なが》生《い》きなの？

だいたいそう言《い》えるかもしれないね。

花《はな》がかれても木《き》や草《くさ》は死《し》んだわけじゃないのね。

花《はな》がかれてしおれていく植物《しょくぶつ》と、生《い》きつづけて次《つぎ》の年《とし》などにまた花《はな》をつける植物《しょくぶつ》がある。

答《こた》えは次《つぎ》のページ！

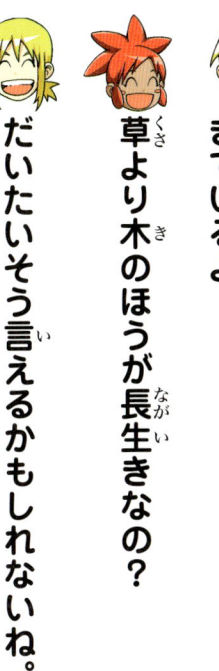

答《こた》え

イ　10万《まん》年《ねん》以《い》上《じょう》。

【解説《かいせつ》】

九州《きゅうしゅう》の南《みなみ》にある屋久島《やくしま》には、スギの大木《たいぼく》がたくさん生《は》えています。その中《なか》の「縄文《じょうもん》杉《すぎ》」とよばれる木《き》は、２０００年以上《ねんいじょう》生《い》きています。

世界《せかい》に目《め》を向《む》けると、もっと長生《ながい》きの木《き》があります。アメリカのカリフォルニア州《しゅう》にあるブリッスルコーンパインという木《き》はおよそ５０００年生《ねんい》きています。

これでおどろいてはいけません。スペインのバレアレス諸島《しょとう》の浅《あさ》い海《うみ》のそこには、ポシドニア・オセアニア・シーグラスというサトイモのなかまの植物《しょくぶつ》が生《は》えています。この植物《しょくぶつ》は、なんと10万年《まんねん》以上《いじょう》も生《い》きつづけていると考《かんが》えられているのです。

10万年《まんねん》！信《しん》じられないわ！
植物《しょくぶつ》は動物《どうぶつ》にくらべると長《なが》生《い》きのものが多《おお》いね。

サトイモにはとても見《み》えないけど……。
いろんなことがあったなあ…
7万《まん》～1万年前《まんねんまえ》氷河期《ひょうがき》でさむかった……。
およそ5万年前《まんねんまえ》大《おお》きないん石《せき》が落下《らっか》！

第《だい》6話《わ》

クイズ

巨大《きょだい》なシロナガスクジラの食《た》べ物《もの》は何《なに》？

ア マグロやサメなどの大《おお》きな魚《さかな》。

イ イルカやアザラシなどの大《おお》きな動物《どうぶつ》。

ウ 小《ちい》さなエビのような生《い》き物《もの》。

歯《は》クジラとひげクジラのちがい

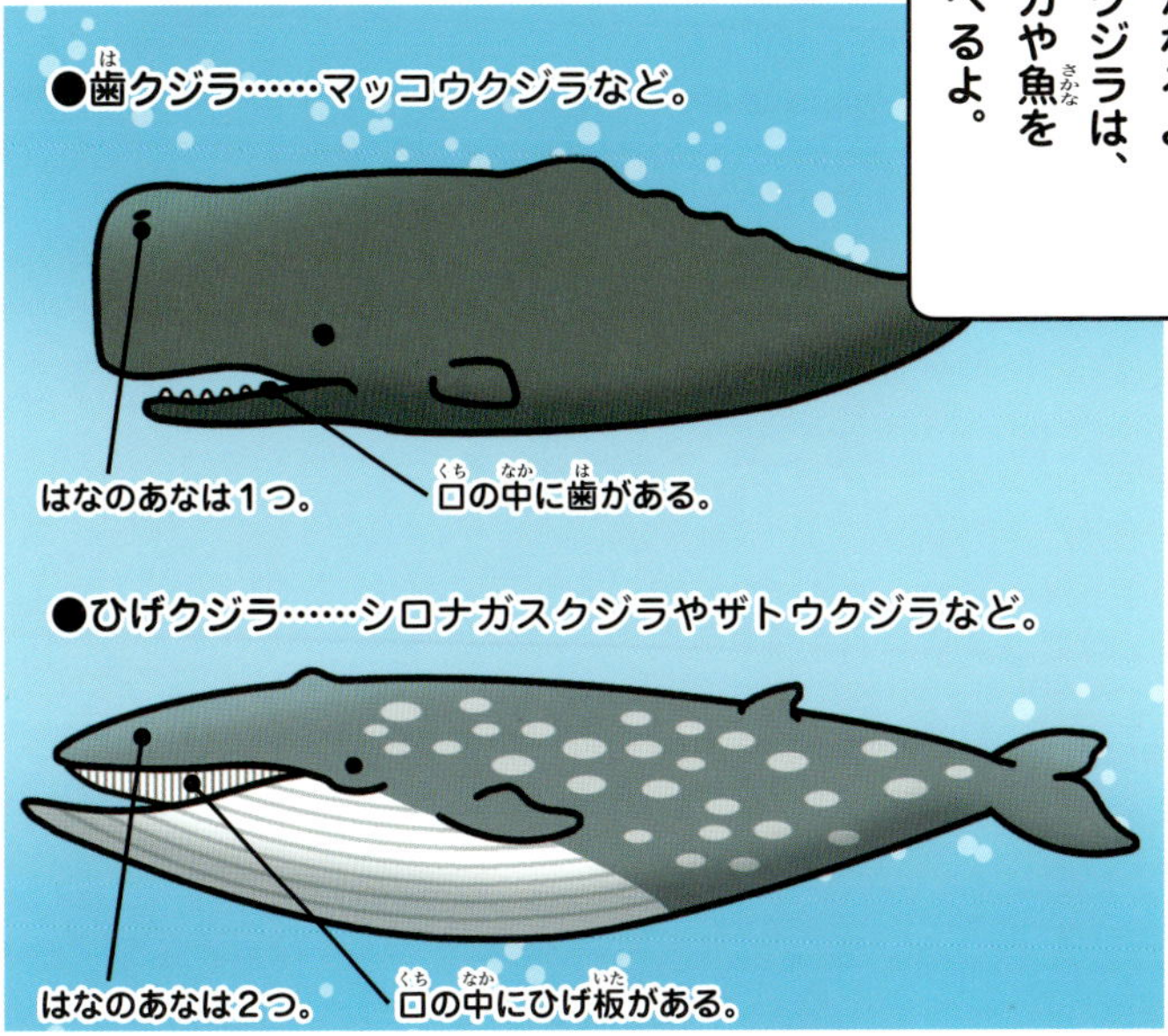
●歯《は》クジラ……マッコウクジラなど。
はなのあなは1つ。
口《くち》の中《なか》に歯《は》がある。
●ひげクジラ……シロナガスクジラやザトウクジラなど。
はなのあなは2つ。
口《くち》の中《なか》にひげ板《いた》がある。

クジラのなかまは歯《は》クジラとひげクジラに分《わ》かれるよ。歯《は》クジラは、イカや魚《さかな》を食《た》べるよ。

いちばん大《おお》きいクジラは、何《なに》?

シロナガスクジラさ。長《なが》さが30メートルをこえるものもいるよ。地球《ちきゅう》でいちばん大《おお》きい動物《どうぶつ》なんだ。

へえ。だったら、きっと大《おお》きな歯《は》で大《おお》きなものを食《た》べるんだろうね。

ところが、シロナガスクジラには歯《は》がないんだ。そのかわり、ひげのようなひげ板《いた》があるよ。

ひげ!? そんなもので、何《なに》をどうやって食《た》べるんだろう?

答《こた》えは次《つぎ》のページ!

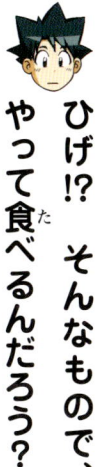

答《こた》え

ウ　小《ちい》さなエビのような生《い》き物《もの》。

【解説《かいせつ》】

シロナガスクジラは、オキアミという小《ちい》さなエビのような生《い》き物《もの》を食《た》べます。シロナガスクジラの口《くち》にあるひげ板《いた》の先《さき》には、ブラシのような毛《け》がついています。シロナガスクジラは、このひげ板《いた》を使《つか》ってオキアミを食《た》べるのです。

　では、どのように食《た》べるのか、くわしく説明《せつめい》しましょう。

シロナガスクジラは、オキアミのむれを見《み》つけると、近《ちか》づいて大《おお》きな口《くち》を開《あ》け、まわりの水《みず》ごと口《くち》の中《なか》に入《い》れます。そして口《くち》をとじ、水《みず》をはき出《だ》します。このとき、オキアミはひげ板《いた》のブラシに引《ひ》っかかって外《そと》には出《で》ていきません。こうして口《くち》の中《なか》にのこったオキアミを食《た》べるのです。
　おとなのシロナガスクジラは、1日《にち》におよそ4トン（4000キログラム）のオキアミを食《た》べるといわれています。

シロナガスクジラって、食《く》いしんぼうね！

シロナガスクジラの食事《しょくじ》のしかた

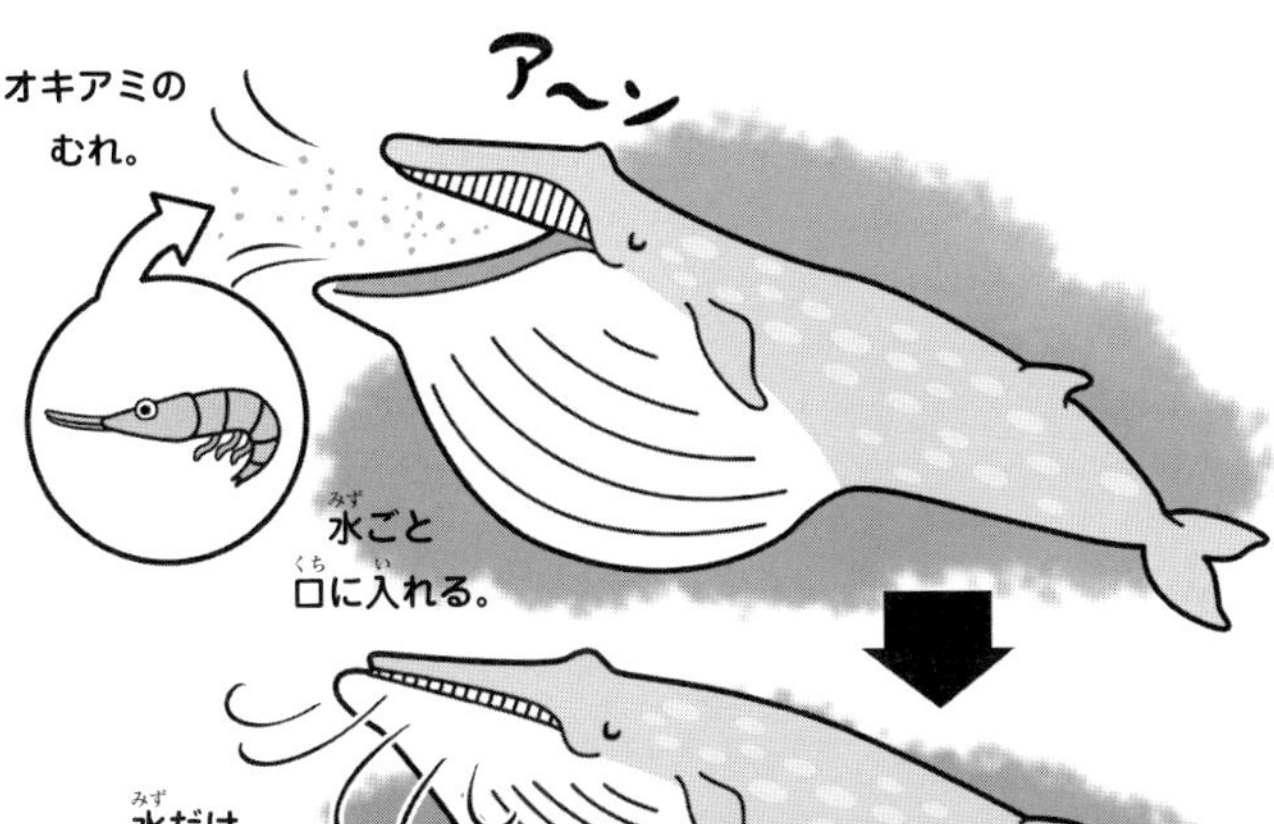
ア〜ン
オキアミのむれ。
水《みず》ごと口《くち》に入《い》れる。
水《みず》だけ外《そと》に出《だ》す。
オキアミはひげ板《いた》に引《ひ》っかかり、口《くち》の外《そと》に出《で》ない。

これならいっきにたくさん食《た》べられるね。

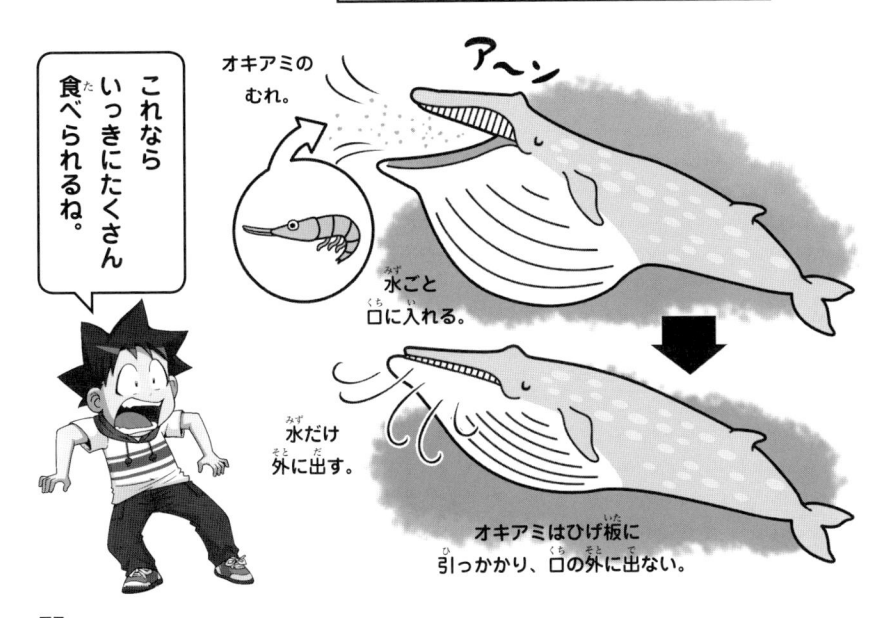

第《だい》7話《わ》

ここは
アサガオ
だらけ
だ。
でも
しおれてる。
もう
昼《ひる》すぎ
だからね。
昼《ひる》っ!?
おべんとう
は?

クイズ

アサガオはどうして朝《あさ》に花《はな》がさくの？

ア 朝日《あさひ》があたると、花《はな》がさくようになっているから。

イ 早《はや》おきの鳥《とり》の声《こえ》を聞《き》いて、花《はな》がさくようになっているから。

ウ 暗《くら》くなって何時間《なんじかん》かたつと、花《はな》がさくようになっているから。

早《はや》おきして
アサガオが
さくところを
かんさつして
みよう!
1
2

4

今朝《けさ》5時《じ》におきたら、もうアサガオの花《はな》がさいてたわ。

へえ。ぼくが日《ひ》の出前《でまえ》の3時《じ》にたまたまおきて、アサガオを見《み》たら、ちょうど花《はな》が開《ひら》くとちゅうだったよ。

なるほど。ふたりの話《はなし》を合《あ》わせて考《かんが》えると、アサガオは、まだ暗《くら》いうちからさきはじめるようだね。

ということは、どういうこと?

朝《あさ》に明《あか》るくなるからさくわけではないってことだよ。

答《こた》えは次《つぎ》のページ!

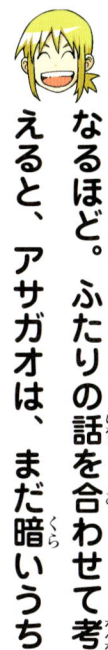

答《こた》え

ウ 暗《くら》くなって何時間《なんじかん》かたつと、花《はな》がさくようになっているから。

【解説《かいせつ》】

アサガオは、朝《あさ》の光《ひかり》を感《かん》じとって花《はな》がさくのではありません。アサガオがさく時《じ》こくは、前《まえ》の日《ひ》の夕方《ゆうがた》、暗《くら》くなる時《じ》こくとかんけいがあります。

アサガオは、暗《くら》くなってから8～10時間《じかん》後《ご》にさくというせいしつがあります。前《まえ》の日《ひ》、夜《よる》7時《じ》ごろ暗《くら》くなったとすると、次《つぎ》の日《ひ》の朝《あさ》3～5時《じ》ごろにさくのです。

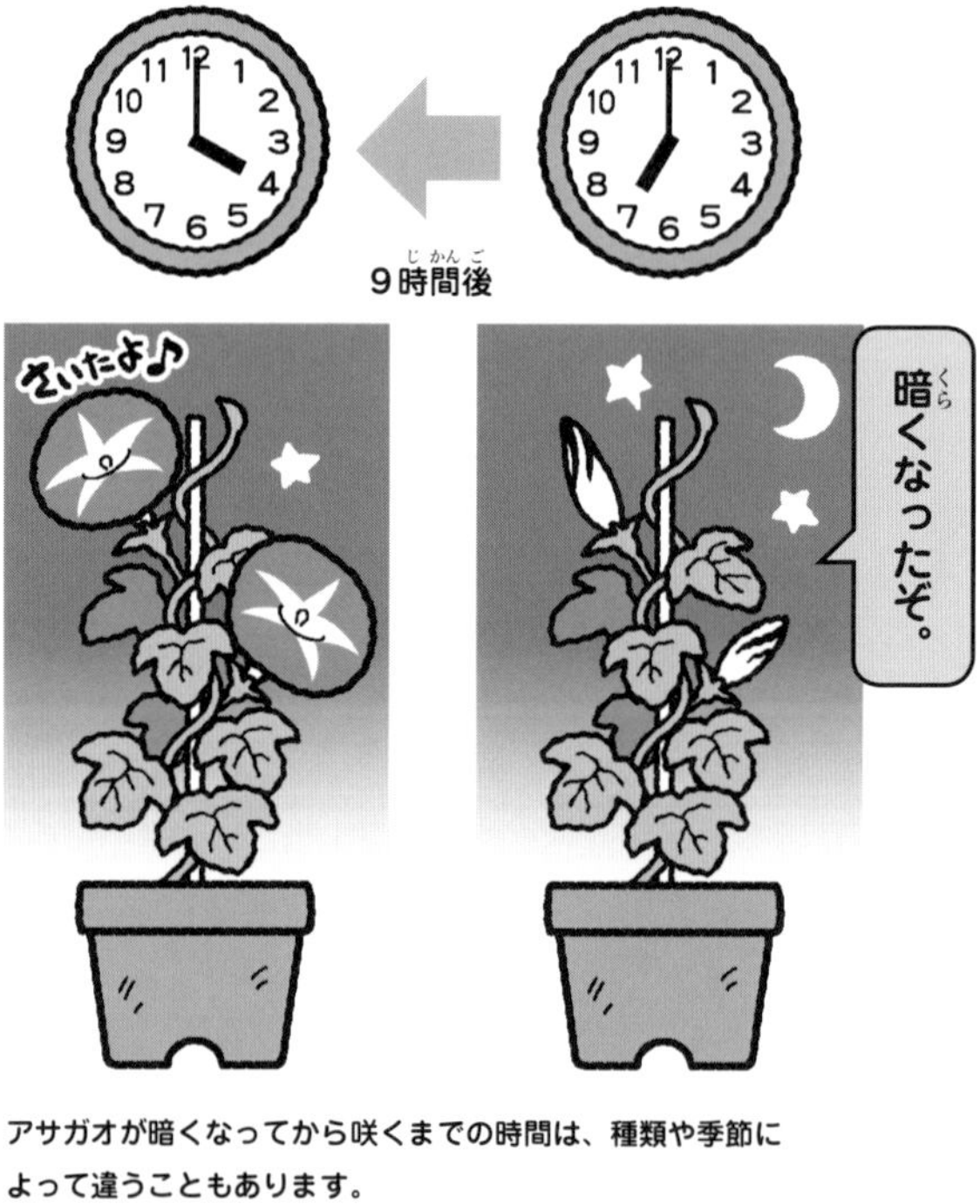

【おうちの方へ】アサガオが暗くなってから咲くまでの時間は、種類や季節によって違うこともあります。

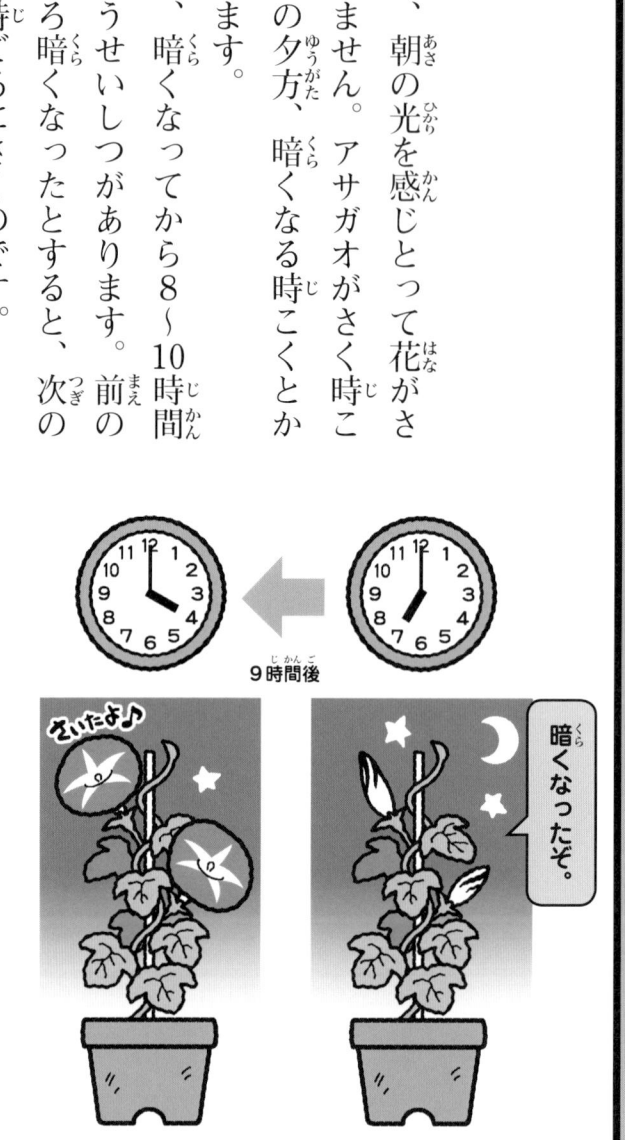

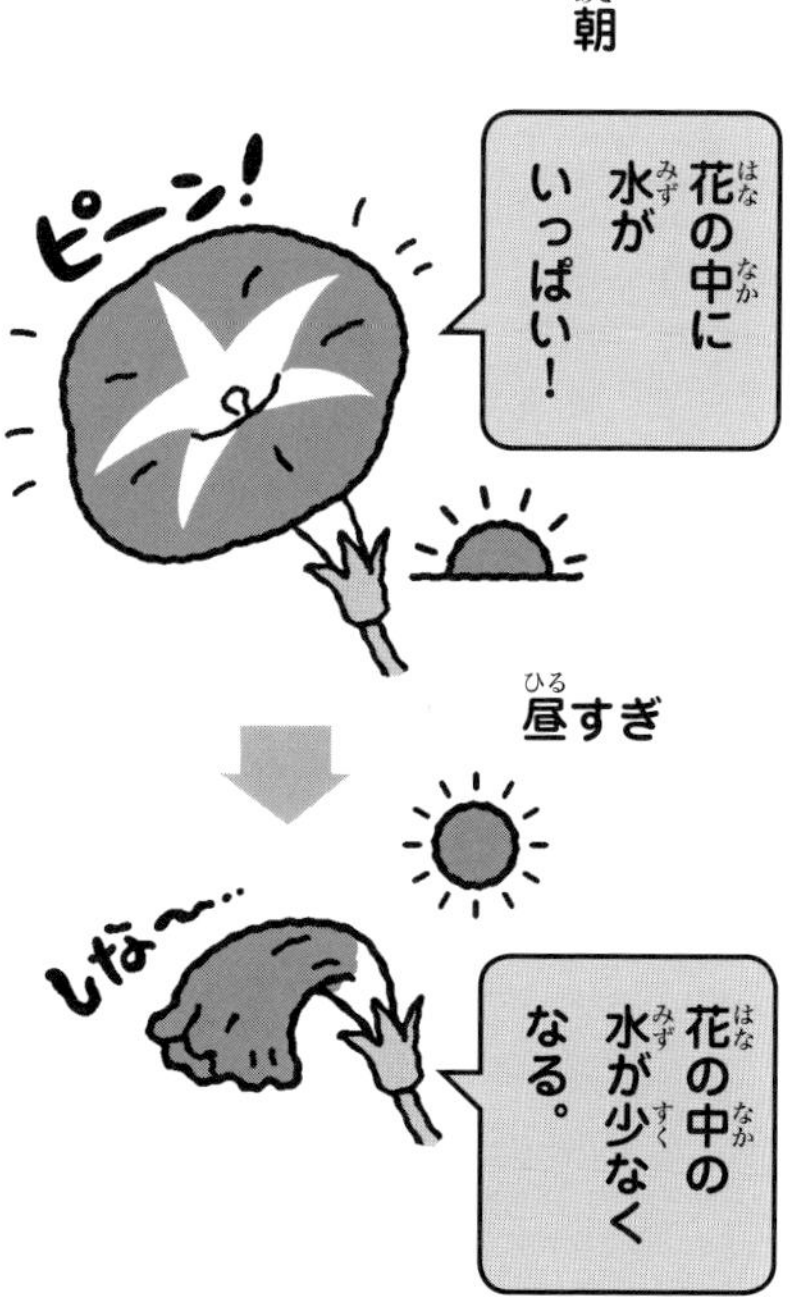
朝《あさ》
ピーン!
花《はな》の中《なか》に水《みず》がいっぱい!
昼《ひる》すぎ
しな〜…
花《はな》の中《なか》の水《みず》が少《すく》なくなる。

夕方《ゆうがた》にさく花《はな》のれい

オシロイバナ
オオマツヨイグサ

花《はな》によってさく時間《じかん》がちがうんだね。

花《はな》が開《ひら》くとき、花《はな》の中《なか》には根《ね》からすいあげた水《みず》がたくさん入《はい》ります。この水《みず》によって、花《はな》びらがピーンと開《ひら》くのです。けれども、やがて花《はな》の中《なか》の水《みず》が少《すく》なくなり、昼《ひる》ごろになるとしおれてきます。日《ひ》よけをしたり、日《ひ》かげにおいたりすれば、しおれるのが少《すこ》しおそくなるかもしれません。

　多《おお》くの花《はな》は朝《あさ》にさきますが、夕方近《ゆうがたちか》くになってさく花《はな》もあります。アサガオと同《おな》じ夏《なつ》の花《はな》では、オシロイバナ、オオマツヨイグサなどが夕方《ゆうがた》にさきます。

夕方《ゆうがた》にさく花《はな》は、強《つよ》い日光《にっこう》をさけているんだよ。

第《だい》8話《わ》

自由《じゆう》に食《た》べてね！
やった！おべんとう！
これは、たらこのおにぎりだ！
たらこって何《なに》？
スケトウダラのたまごだよ。

クイズ

いちばんたくさんたまごをうむ魚《さかな》は何《なに》？

ア マンボウ。

イ マグロ。

ウ スケトウダラ。

海《うみ》にすむ大《おお》きな魚《さかな》は、たまごをたくさんうむんだ。たとえば、スケトウダラは、20万《まん》〜100万《まん》こもうむよ。

たらこね!? おいしかったよ!

たらこの2つのふくろの中《なか》には、そんなにたまごが入《はい》っているのか。どうしてそんなにたくさんうむの?

たまごをうんでも、ほとんどがほかの魚《さかな》や動物《どうぶつ》に食《た》べられちゃうから、たくさんうむのさ。

海《うみ》の中《なか》って、きびしい世界《せかい》なんだね。

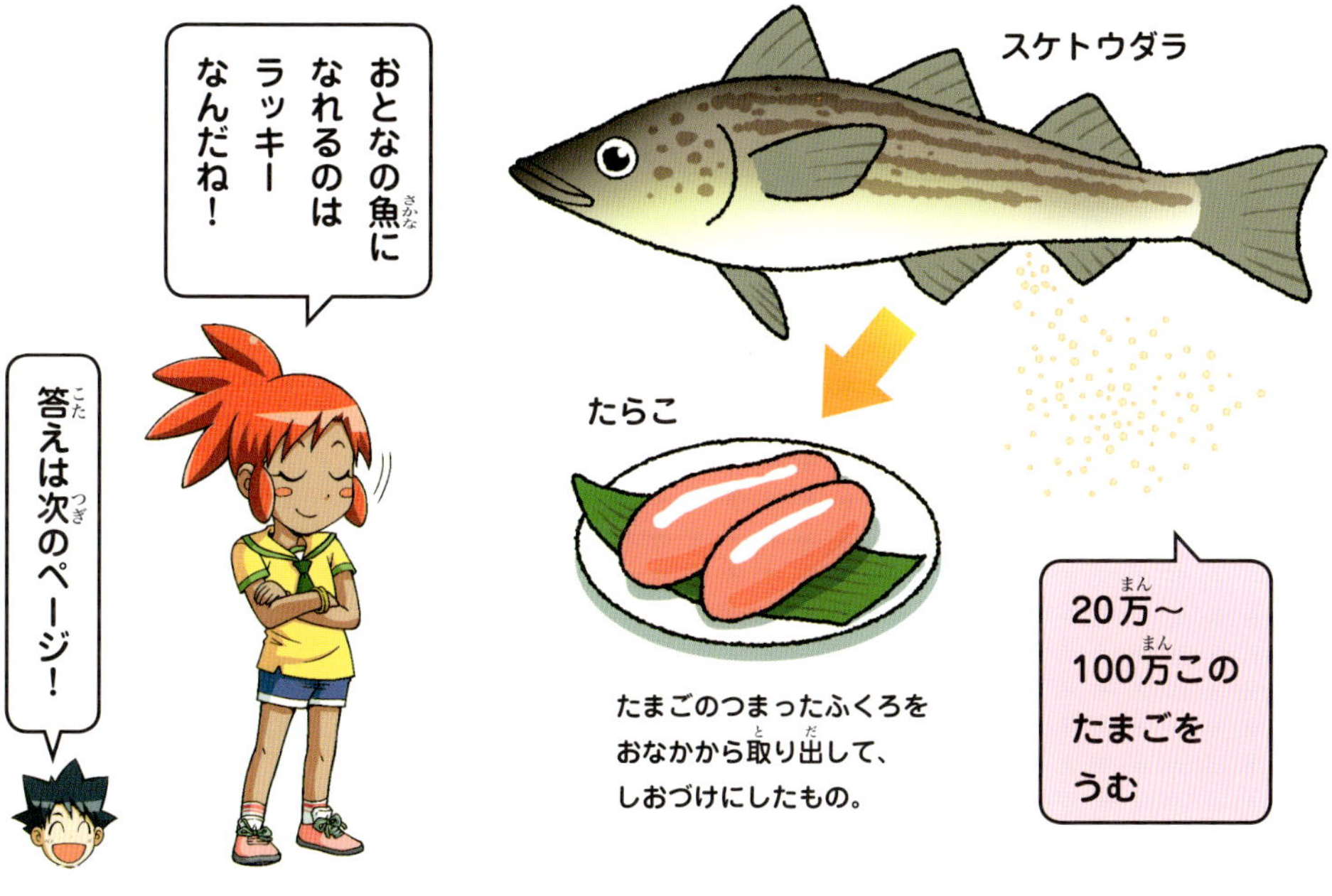
スケトウダラ
20万《まん》〜100万《まん》このたまごをうむ
たらこ
たまごのつまったふくろをおなかから取《と》り出《だ》して、しおづけにしたもの。
おとなの魚《さかな》になれるのはラッキーなんだね!
答《こた》えは次《つぎ》のページ!

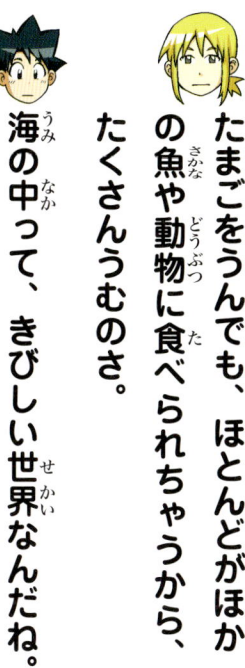

答《こた》え

ア　マンボウ。

【解説《かいせつ》】魚《さかな》のしゅるいによって、うむたまごの数《かず》はちがいます。
海《うみ》にすむ大《おお》きな魚《さかな》の多《おお》くは、たまごをたくさんうみます。マグロは、数百万《すうひゃくまん》～1000万《まん》こ以上《いじょう》うみます。マンボウはさらに多《おお》くて、3億《おく》こもうむといわれます。でも、これだけうんでもほとんどが食《た》べられてしまいます。

マンボウの一生《いっしょう》

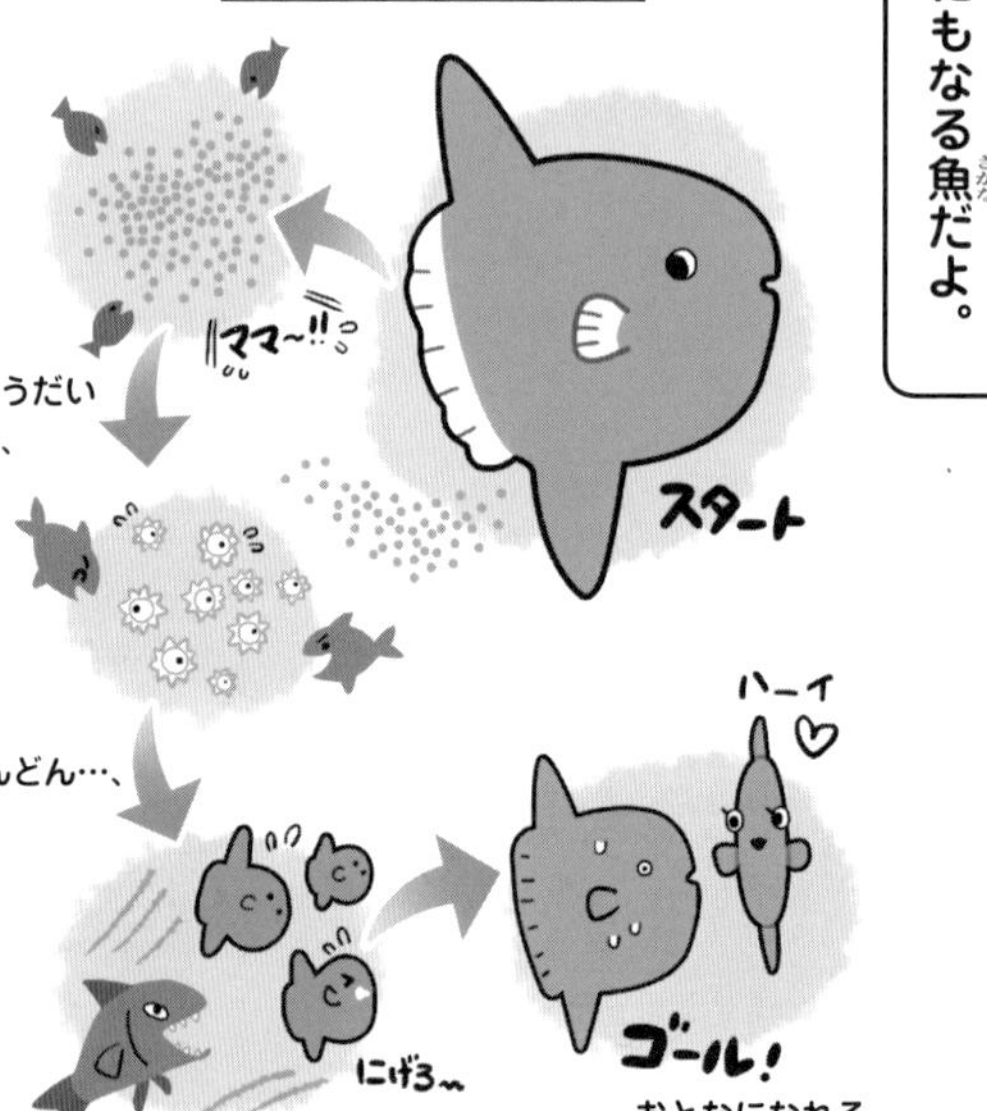
ママ～!!
スタート
きょうだいが…、
どんどん…、
にげろ～
へっていって…、
ゴール!
ハーイ
おとなになれるのはほんのわずか。

マンボウは、
大《おお》きいものは
長《なが》さ3メートル
にもなる魚《さかな》だよ。

たまごを少《すこ》ししかうまない魚《さかな》

ギンザメ
たまご
タイリクバラタナゴ
オギャー
やれやれ…
たまごから
かえったら
外《そと》に出《で》る。
貝《かい》の体《からだ》に
うみつける。

いっぽう、たまごが安全《あんぜん》に守《まも》られる魚《さかな》は、うむ数《かず》が少《すく》ないようです。

たとえば、深《ふか》い海《うみ》にすむギンザメは、大《おお》きなたまごを2こしかうみません。でも、そのたまごを大事《だいじ》にはらにつけて、かえるまで守《まも》ります。

川《かわ》や湖《みずうみ》にすむタイリクバラタナゴは、水《みず》のそこにいる貝《かい》の体《からだ》の中《なか》に数十《すうじっ》このたまごをうみます。たまごは、貝《かい》の中《なか》で安全《あんぜん》に守《まも》られ、たまごがかえってち魚《ぎょ》になると外《そと》に出《で》てきます。

たまごを
少《すこ》ししか
うまない魚《さかな》も
いるんだね。

第《だい》9話《わ》

クイズ

タネなしブドウがあるのはどうして？

ア きかいで、ひとつぶずつタネをぬきとっているから。

イ 薬《くすり》で、タネができないようにしているから。

ウ もともとタネができないしゅるいのブドウだから。

ブドウにはタネがあるのとないのとがあるね。
ブドウ
リンゴ
モモ
タネあり
タネなし

リンゴやモモ、ナシなどのくだものには、タネがあるよね。

あわててかじって、タネをガリッとかんじゃったことがあるよ。

植物《しょくぶつ》にとってタネは大事《だいじ》なものだよ。タネが土《つち》の中《なか》でめを出《だ》して、なかまをふやすわけだから。

ということは、植物《しょくぶつ》にとっては、タネがあるほうがふつうなんだね。

へえ。それじゃあ、タネなしブドウはとくべつなの?

答《こた》えは次《つぎ》のページ!

答《こた》え

イ 薬《くすり》で、タネができないようにしているから。

【解説《かいせつ》】

ブドウは、5、6月《がつ》ごろに花《はな》がさきます。ブドウの花《はな》がさくころに、花《はな》のふさを1つずつ「ジベレリン」という薬《くすり》につけると、タネのないブドウができます。薬《くすり》は2回《かい》つけます。1回目《かいめ》は、タネなしにするため、2回目《かいめ》は、実《み》を大《おお》きくするためです。

タネなしブドウを
つくる農家《のうか》の人《ひと》は
たいへんだね。

【おうちの方へ】ジベレリンは、植物の体の中にもとからあるものです。
それを薬として使っているので、安全です。

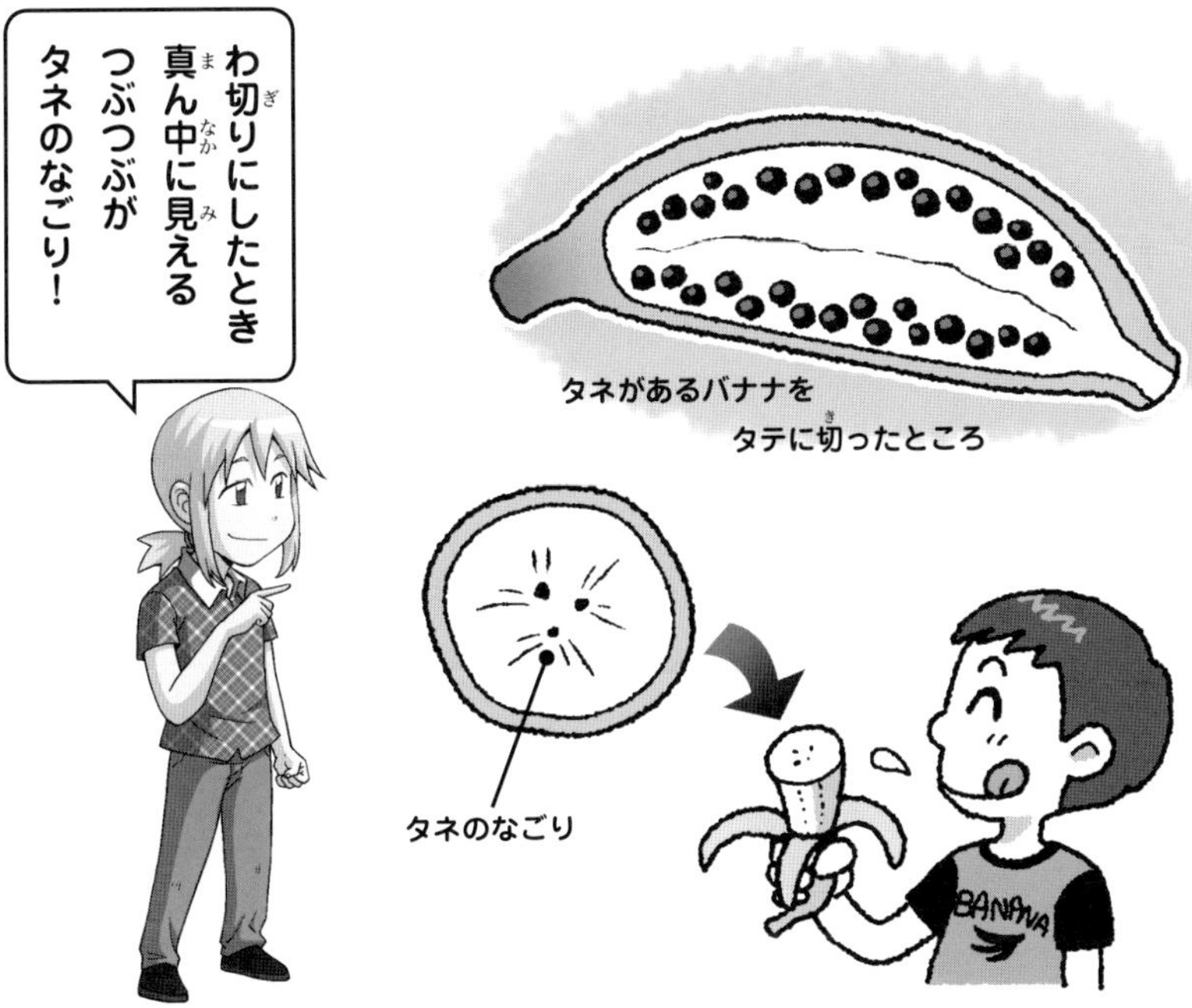
わ切《ぎ》りにしたとき
真《ま》ん中《なか》に見《み》える
つぶつぶが
タネのなごり！
タネがあるバナナを
タテに切《き》ったところ
タネのなごり
BANANA

バナナの場合《ばあい》は、タネなしブドウとは、できかたがちがいます。

じつは、昔《むかし》はタネのあるバナナばかりでした。ところが、あるときタネができないバナナが見《み》つかりました。人々《ひとびと》は、タネがないほうが食《た》べやすいので、これをふやそうと考《かんが》えました。でも、タネができないので、タネをまいて育《そだ》てるわけにはいきません。そこで、くきの根元《ねもと》から出《で》るめを取《と》って、育《そだ》てました。これが世界《せかい》に広《ひろ》がったので、わたしたちがいつも食《た》べているバナナにはタネがないのです。

第《だい》10話《わ》

クイズ

はたらきアリはオスとメスどっち?

ア オスしかいない。

イ メスしかいない。

ウ オスとメス両方《りょうほう》いる。

うわあ！　地面《じめん》にアリがたくさんいるよ。

すから出《で》て、いそがしそうに地面《じめん》を歩《ある》き回《まわ》っているのがはたらきアリだね。

アリのすの中《なか》ってどうなってるの？

アリのすは、地下《ちか》に広《ひろ》がっているんだ。女王《じょおう》アリのへや、たまごのへや、よう虫《ちゅう》のへや、食《た》べ物《もの》をほかんするへやなど、たくさんのへやに分《わ》かれているよ。

へえ。アリって、どんなふうにくらしているのかな？

答《こた》えは次《つぎ》のページ！

答《こた》え

イ　メスしかいない。

【解説《かいせつ》】

アリは、ひとつのすごとに、大家族《だいかぞく》をつくっています。家族《かぞく》はほとんどがメスで、女王《じょおう》アリとはたらきアリに分《わ》かれます。たまごをうむのは女王《じょおう》アリだけで、のこりのメスは、すべてはたらきアリです。少《すこ》ししかいないオスは、何《なに》もしていません。

女王《じょおう》アリは、つぎつぎとたまごをうんで家族《かぞく》をふやします。はたらきアリは、女王《じょおう》

わたしは女王《じょおう》アリよ。
はたらきアリです!
ZZZ…
ボリボリ
オイラオスのアリさ。
えー!? オスのアリって何《なに》もしないの?

はたらきアリの仕《し》事《ごと》

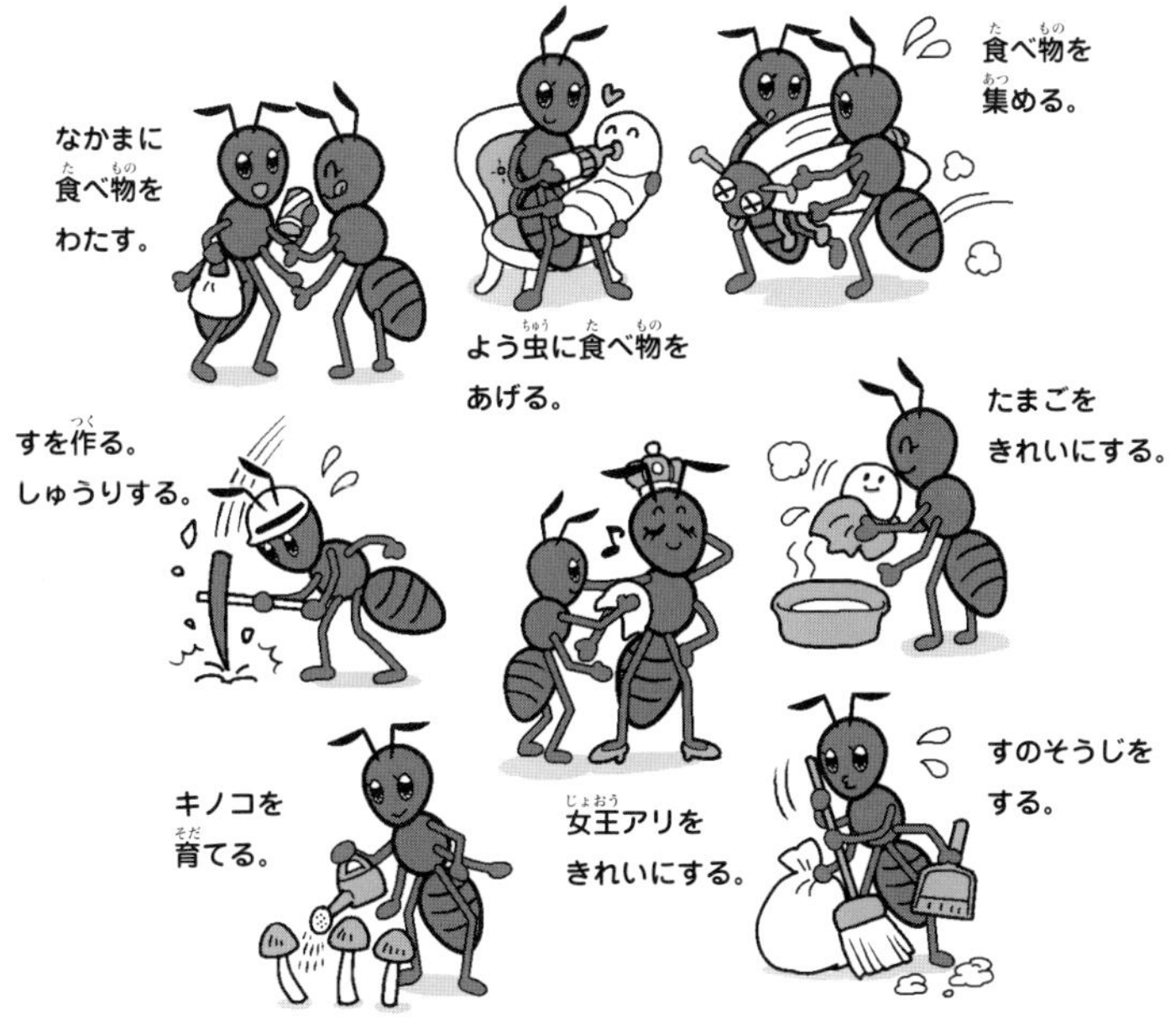
食《た》べ物《もの》を集《あつ》める。
なかまに食《た》べ物《もの》をわたす。
よう虫《ちゅう》に食《た》べ物《もの》をあげる。
たまごをきれいにする。
すを作《つく》る。しゅうりする。
すのそうじをする。
キノコを育《そだ》てる。
女王《じょおう》アリをきれいにする。

やよう虫《ちゅう》のためにせっせとはたらきます。

おとなになったメスのうち、はねのあるアリは、けっこんの時《じ》期《き》になると、すから出《で》て飛《と》び立《た》ちます。そして、べつのすから飛《と》び立《た》ったオスとけっこんします。そのあと、新《あたら》しいすを作《つく》って女王《じょおう》アリになってたまごをうみます。

オスの仕《し》事《ごと》は、けっこんして、メスがたまごをうめるようにすることなのです。オスは、そのあと、すぐに死《し》んでしまいます。

ミツバチも
はたらきバチは
みんなメスだよ！

生《い》き物《もの》のサバイバル ビックリ豆《まめ》ちしき!

生《い》き物《もの》のふしぎを、もっと知《し》ってみよう!

1 最強《さいきょう》の肉食動物《にくしょくどうぶつ》はシロクマ?

りくの上《うえ》の生《い》き物《もの》で、最強《さいきょう》の動物《どうぶつ》といえば、ライオンやトラを思《おも》いうかべる人《ひと》が多《おお》いんじゃないかな。

2 赤《あか》ちゃんだってビッグサイズ!

地球上《ちきゅうじょう》でいちばん大《おお》きな動物《どうぶつ》はシロナガスクジラ。大《おお》きなものだと、30メートルよりも大《おお》きなものも。

じつは、シロクマ（ホッキョクグマ）が最強《さいきょう》の肉食動物《にくしょくどうぶつ》だと考《かんが》える人《ひと》が多《おお》いよ。

なにしろ、シロクマのオスは大《おお》きいもので体《からだ》の長《なが》さ3メートル、体重《たいじゅう》は８００キログラムにもなるんだ。

ライオンやトラとくらべて巨体《きょたい》で力《ちから》も強《つよ》い。正面《しょうめん》からたたかったら、かち目《め》はないといわれているんだ。

これだけ大《おお》きな動物《どうぶつ》だから、赤《あか》ちゃんだってもちろん大《おお》きい。生《う》まれたときから、すでに8メートル近《ちか》く、体重《たいじゅう》は２０００キログラムほどもあるんだ。

シロナガスクジラの赤《あか》ちゃんは、えいようまんてんのおちちをたくさん飲《の》んで、1日《にち》で90キログラムずつ大《おお》きくなっていくそうだよ。

8メートルって、2かいだてのたてものよりも大《おお》きいってことか！

しぜんのサバイバル

車《くるま》でたんけんに出《で》かけたジオ、ピピ、ケイ。
しぜんにはふしぎがいっぱい！

ジオたちといっしょに
クイズをとこう！

第《だい》1話《わ》

クイズ

さばくは1日中《にちじゅう》あついの？

ア 昼《ひる》も夜《よる》も1日中《にちじゅう》あつい。

イ 昼《ひる》はあついけど、夜《よる》はさむい。

ウ あついのは夏《なつ》だけで、冬《ふゆ》は毎日《まいにち》さむい。

ふー、すごいあつさだ。さすが、さばくだな……。

こんなところじゃ、生《い》き物《もの》なんて、ぜったいに生《い》きていけないよね。

ところが、いるんだよ。よく探《さが》してみると、小《ちい》さな動物《どうぶつ》とか植物《しょくぶつ》とかが見《み》つかるかもしれないぞ。

でもさ、動物《どうぶつ》も植物《しょくぶつ》も生《い》きていくには水《みず》がひつようだよね？　さばくのどこに水《みず》があるんだろう？

オアシスしか思《おも》いうかばないな。

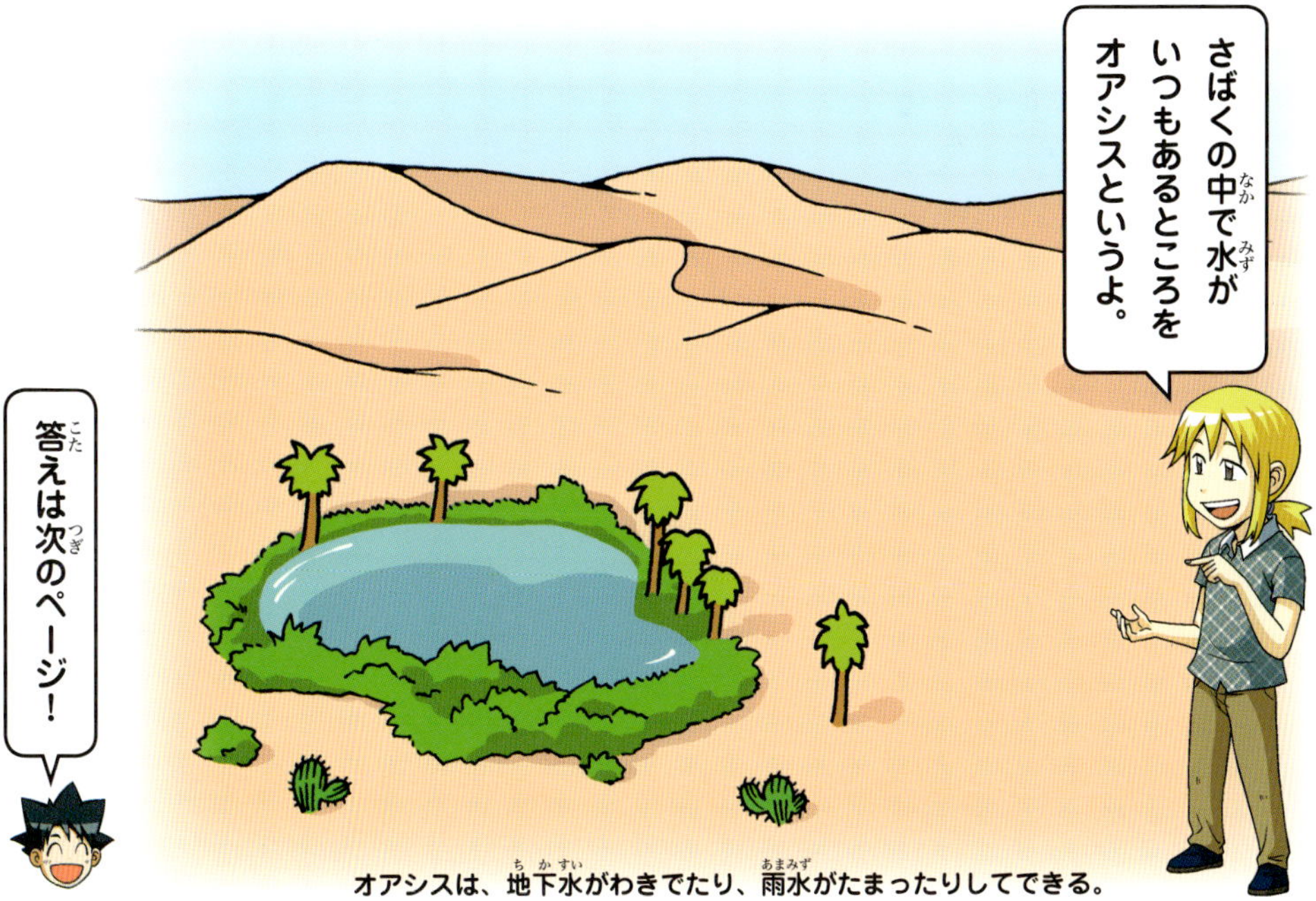
さばくの中《なか》で水《みず》がいつもあるところをオアシスというよ。
答《こた》えは次《つぎ》のページ！

オアシスは、地下水《ちかすい》がわきでたり、雨水《あまみず》がたまったりしてできる。

答《こた》え

イ 昼《ひる》はあついけど、夜《よる》はさむい。

【解説《かいせつ》】

さばくの気温《きおん》は、昼《ひる》はあつく、夜《よる》はさむくなります。さばくは雨《あめ》がほとんどふらず、すなや岩《いわ》が広《ひろ》がっている大地《だいち》です。太陽《たいよう》の光《ひかり》をさえぎるものがないため、昼《ひる》の気温《きおん》は40度《ど》や50度《ど》をこえるところもあります。

でも夜《よる》は、きゅうにひえてさむくなります。すなはあたたまりやすく、さめやすいからです。さばくでは、昼《ひる》と夜《よる》の気温《きおん》の差《さ》

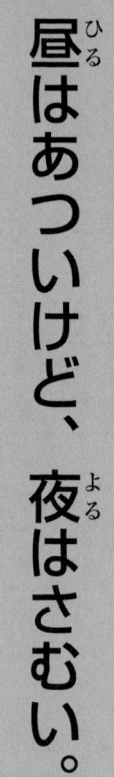

が20度《ど》にもなるところがあります。

　水《みず》が少《すく》ないさばくは、人《ひと》がくらすのはたいへんなところですが、そんなきびしいかんきょうでも、くらしている生《い》き物《もの》がいます。

　たとえば植物《しょくぶつ》では、自分《じぶん》の体《からだ》の中《なか》の水《みず》をにがさないしくみをもっているサボテン。また、動物《どうぶつ》では、夜《よる》にでるきりの水分《すいぶん》を、自分《じぶん》の体《からだ》のとげでとりこむモロクトカゲなどがいます。モロクトカゲのとげの表面《ひょうめん》には細《ほそ》いみぞがあり、そのみぞはすべて口《くち》へとつながっています。体《からだ》についた水分《すいぶん》はみぞをつたって口《くち》まではこばれるのです。

サボテンは、太《ふと》いくきとあついかわで体《からだ》の中《なか》の水《みず》を外《そと》ににがさない。
モロクトカゲには、体《からだ》のとげの表面《ひょうめん》のみぞをつたって水分《すいぶん》をとりこむしくみがある。
さばくでのくらしにあった体《からだ》のつくりなんだね。

第《だい》2話《わ》

町《まち》は近《ちか》い。歩《ある》いていこう。
これ、へんな石《いし》だね？
きょうりゅうの化石《かせき》だ。

クイズ

きょうりゅうはどうして化石《かせき》になったの？

ア 土《つち》の中《なか》で、ほねが石《いし》のようになったから。

イ 土《つち》にうまったほねは、すべて化石《かせき》になるから。

ウ ほねがやけてかたまったから。

きょうりゅうは、いつごろまで生《い》き
ていたのかな？

およそ6600万年前《まんねんまえ》だよ。人間《にんげん》の
そ先《せん》が生《う》まれたのが、およそ
700万年前《まんねんまえ》だから、きょうりゅう
の時代《じだい》はそれよりずーっと昔《むかし》なんだ。

地球《ちきゅう》に巨大《きょだい》ないん石《せき》が落《お》ちてきて、
かんきょうが変《か》わってしまったから、
ほろんじゃったらしいよ。

へー。そのときに、きょうりゅうは
化石《かせき》になったのかな？

答《こた》えは次《つぎ》のページ！

答《こた》え

ア　土《つち》の中《なか》で、ほねが石《いし》のようになったから。

【解説《かいせつ》】

化石《かせき》は、土《つち》の中《なか》にうもれた生《い》き物《もの》のほねなどに、土《つち》の成分《せいぶん》がしみこんで、石《いし》になったものです。

土《つち》にうもれた生《い》き物《もの》が、すべて化石《かせき》になるわけではありません。とくべつなじょうけんがそろったときにだけ、化石《かせき》になります。

化石《かせき》のできかたのれい

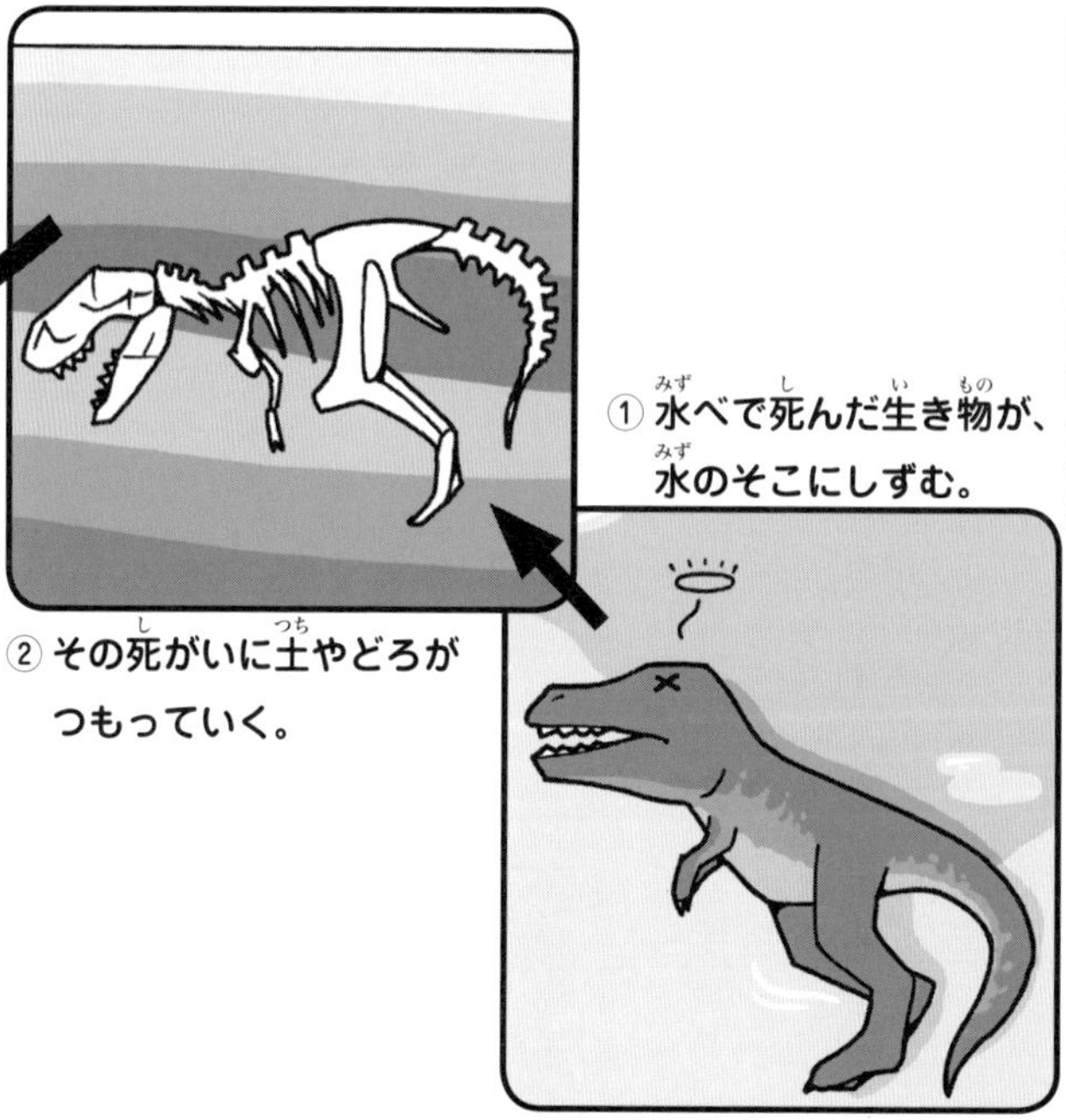

① 水《みず》べで死《し》んだ生《い》き物《もの》が、水《みず》のそこにしずむ。

② その死《し》がいに土《つち》やどろがつもっていく。

また、化石《かせき》になるのは、ほねだけではありません。きょうりゅうのたまご、あしあと、うんちなどの化石《かせき》もあります。

木《き》の樹液《じゅえき》も化石《かせき》になります。それを「こはく」といいますが、こはくの中《なか》にこん虫《ちゅう》がとじこめられているものが見《み》つかることもあります。

化石《かせき》は海《かい》がん近《ちか》くのがけなど
地《ち》そうが見《み》えるところで
よく見《み》つかるよ。

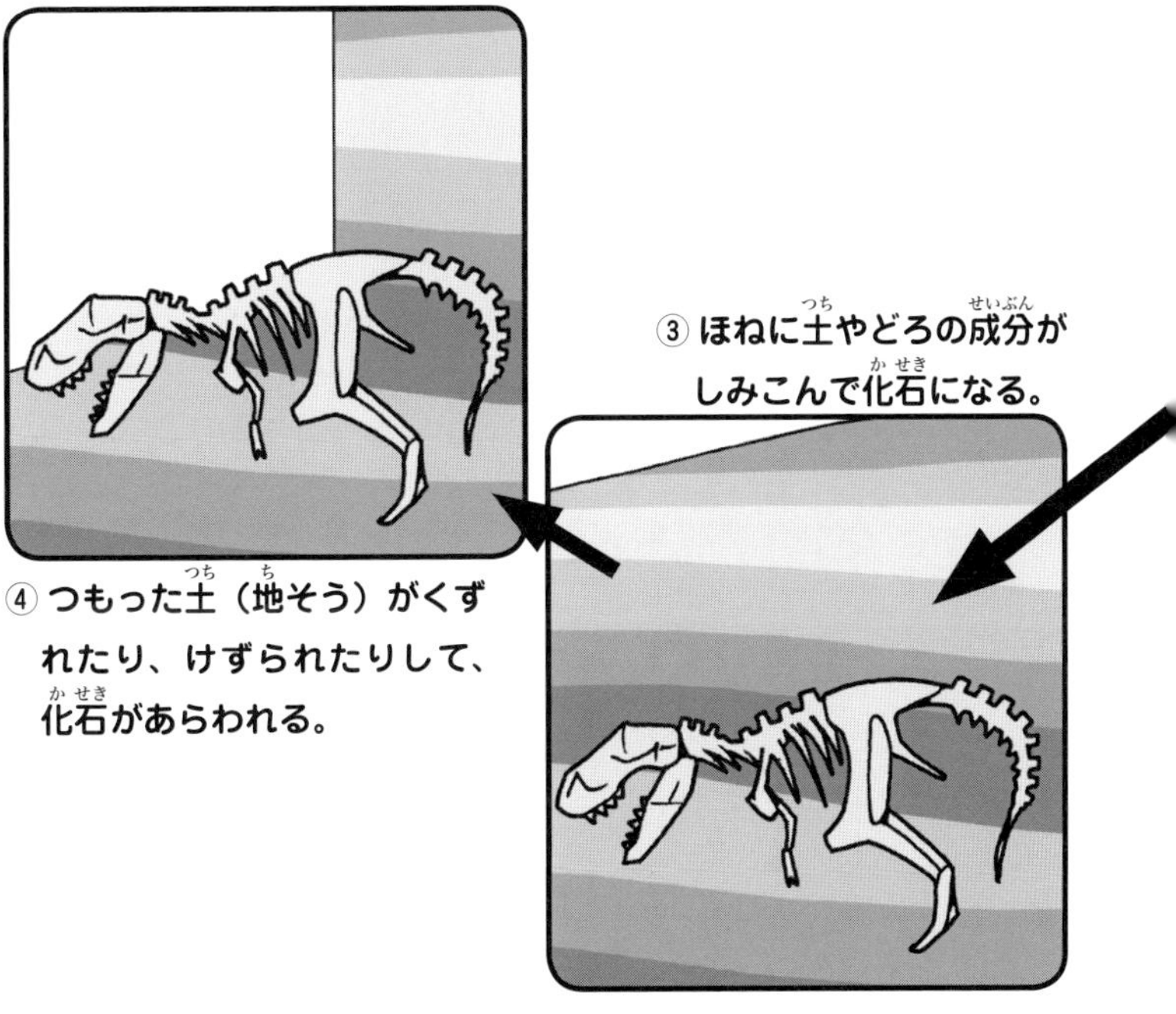
③ ほねに土《つち》やどろの成分《せいぶん》が
しみこんで化石《かせき》になる。
④ つもった土《つち》（地《ち》そう）がくずれたり、けずられたりして、化石《かせき》があらわれる。

第《だい》3話《わ》

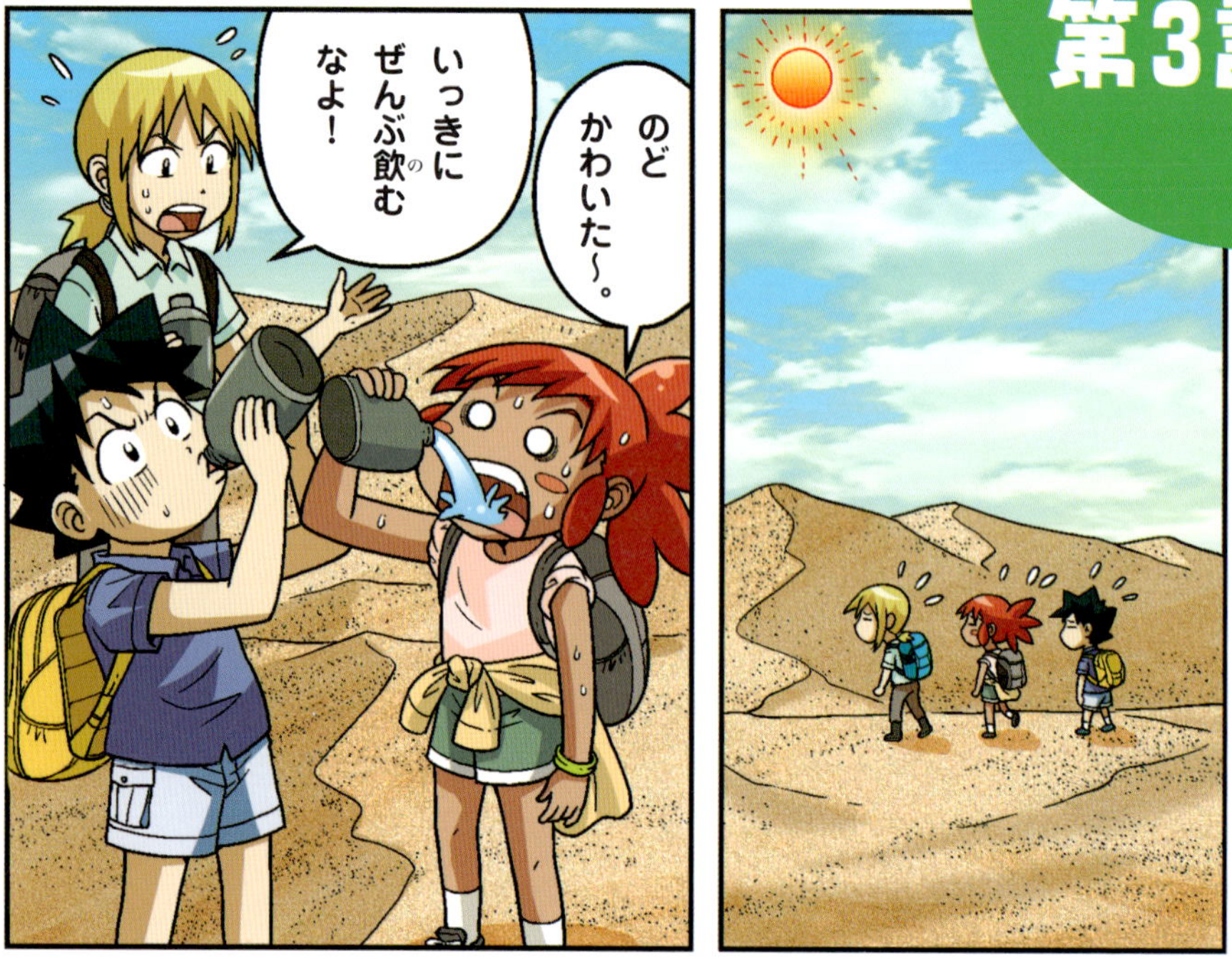
のど かわいた〜。
いっきに ぜんぶ飲《の》む なよ！

クイズ

地球上《ちきゅうじょう》の水《みず》はいつかなくなってしまうの？

ア 地球《ちきゅう》の水《みず》をぜんぶ飲《の》んでしまうとなくなる。

イ じょうはつして、いつかぜんぶなくなる。

ウ 地球《ちきゅう》の水《みず》はたくさんあるので、なくならない。

やっぱり水《みず》はおいしいな！

ねえジオ！　わたしたちはまいにち水《みず》を飲《の》むし、動物《どうぶつ》も水《みず》を飲《の》むし、植《しょく》物《ぶつ》にも水《みず》がいるよね。そんなに使《つか》って、水《みず》がなくなったりしないの？

地球《ちきゅう》は、りくよりも海《うみ》のほうが広《ひろ》いんだぜ。水《みず》がなくなることはないだろ。

でも、海《うみ》の水《みず》はそのままでは飲《の》めないよ。人《ひと》が飲《の》める水《みず》がなくなるかどうか、それが問題《もんだい》さ。

そうよ！　すごく心配《しんぱい》だわ！

※地球全体《ちきゅうぜんたい》を10とすると、海《うみ》が7、りくが3ぐらいだよ。

答《こた》え

ウ 地球《ちきゅう》の水《みず》はたくさんあるので、なくならない。

【解説《かいせつ》】

地球《ちきゅう》の水《みず》はたくさんあるので、なくなることはありません。わたしたち人間《にんげん》や動物《どうぶつ》、植物《しょくぶつ》が使《つか》っている水《みず》は、もともとは雨水《あまみず》です。雨水《あまみず》は川《かわ》を流《なが》れて海《うみ》に出《で》ます。川《かわ》や海《うみ》の水《みず》はじょうはつして雲《くも》になります。雲《くも》はまた雨《あめ》をふらせます。このように、地球《ちきゅう》の水《みず》はめぐっているので、全体《ぜんたい》のりょうは変《か》わりません。

でも、地球《ちきゅう》の水《みず》のほとんどが海水《かいすい》です。わたしたちが飲《の》み水《みず》に使《つか》える、塩分《えんぶん》をほとんどふくまない水《みず》（たん水《すい》）は、じつはとても少《すく》ないのです。

地球上《ちきゅうじょう》にあるたん水《すい》は、川《かわ》や湖《みずうみ》などの水《みず》と地下水《ちかすい》です。そのほか、北極《ほっきょく》や南極《なんきょく》などにある氷《こおり》や、高《たか》い山《やま》などにつもった雪《ゆき》も、たん水《すい》がすがたを変《か》えたものですが、飲《の》み水《みず》に使《つか》うにはむずかしいのです。

地球全体《ちきゅうぜんたい》の水《みず》がコップ100ぱい分《ぶん》だとすると、飲《の》み水《みず》に使《つか》える水《みず》は、コップにほんのちょっとぐらいだって！

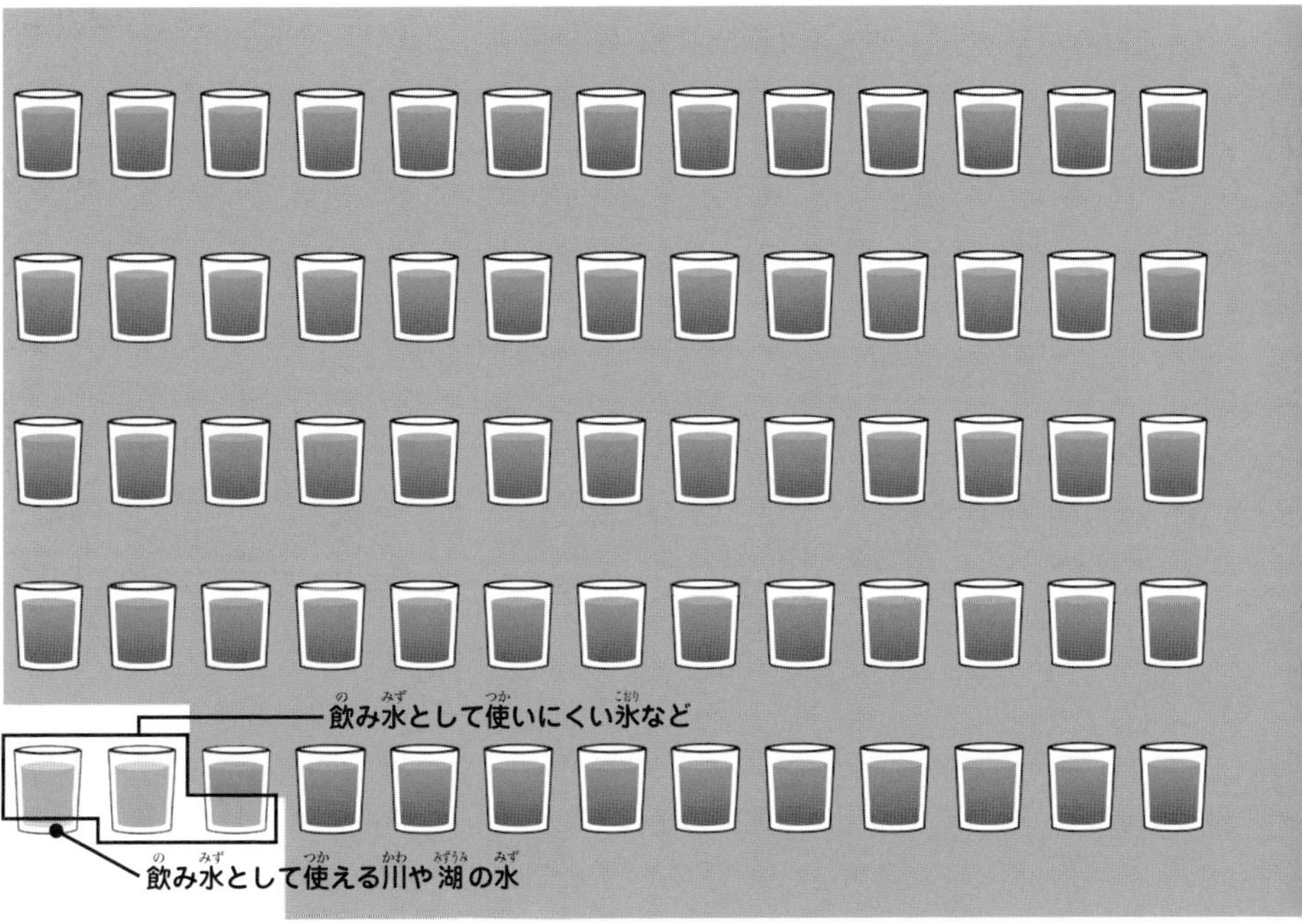

飲《の》み水《みず》として使《つか》いにくい氷《こおり》など
飲《の》み水《みず》として使《つか》える川《かわ》や湖《みずうみ》の水《みず》

第《だい》4話《わ》

クイズ

宝石《ほうせき》はどこでできるの？

ア 土《つち》の中《なか》でできる。

イ 水《みず》の中《なか》でできる。

ウ 空気《くうき》の中《なか》でできる。

わたしが見《み》つけたこの石《いし》、きっと宝石《ほうせき》だよね！

どうかな？　きれいに見《み》えても宝石《ほうせき》じゃない石《いし》だってあるからね。

宝石《ほうせき》は昔《むかし》から、きちょうなものとされているけど、どうしてだと思《おも》う？

めずらしいから……かな？

そのとおり。美《うつく》しいこと、かたくてきずがつきにくいこと、数《かず》が少《すく》ないことなどから、きちょうなものとされているんだ。

ふーん。でも、宝石《ほうせき》ってどうやってできるのかしら？

ダイヤモンドに
ルビーに
サファイア……。
宝石《ほうせき》はいろいろあるね。

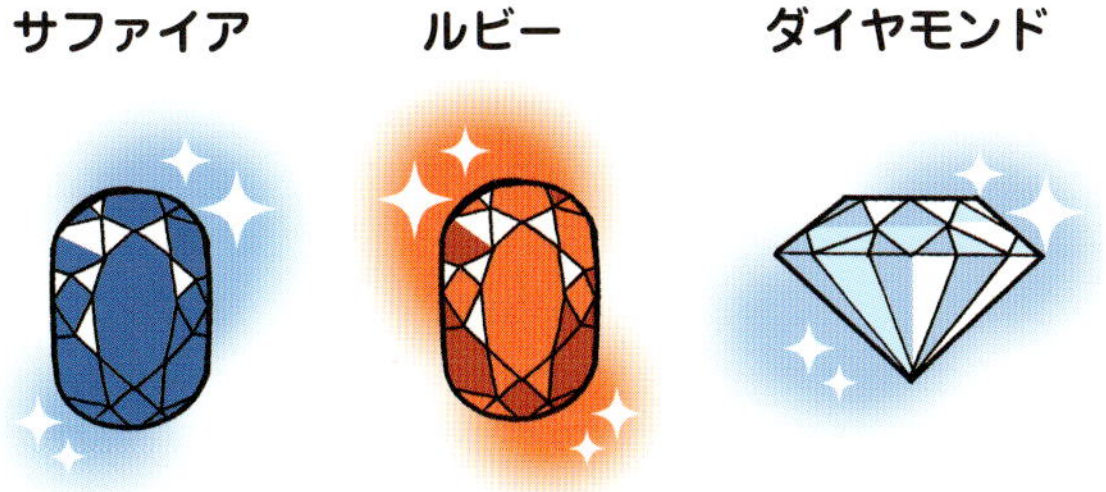

ルビーとサファイアは、同《おな》じしゅるいの石《いし》。

ダイヤモンドは世界《せかい》でいちばんかたい宝石《ほうせき》。

答《こた》えは次《つぎ》のページ！

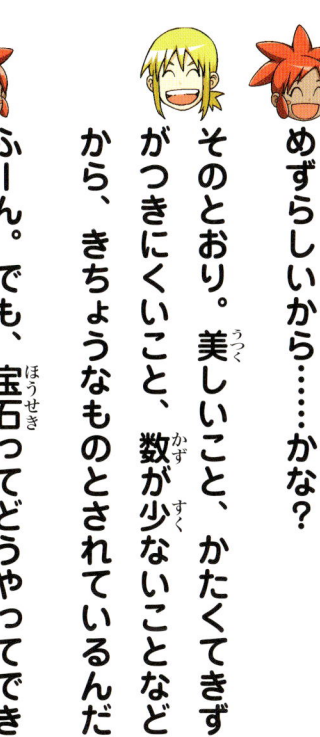

答《こた》え

ア 土《つち》の中《なか》でできる。

【解説《かいせつ》】

ダイヤモンド、ルビー、サファイアなど、宝石《ほうせき》のしゅるいはいろいろありますが、すべての宝石《ほうせき》は土《つち》の中《なか》でできます。

また、宝石《ほうせき》ではありませんが、金《きん》や銀《ぎん》などの金《きん》ぞくも土《つち》の中《なか》でできます。

地面《じめん》の下《した》の深《ふか》いところに、岩石《がんせき》がドロドロにとけたマグマというものがあります。

そのマグマがひえてかたまると、岩《いわ》や石《いし》が

宝石《ほうせき》のできかた

① 宝石《ほうせき》は、地下《ちか》のマグマの中《なか》で、高《たか》い熱《ねつ》とあつりょくをかけられてできる。

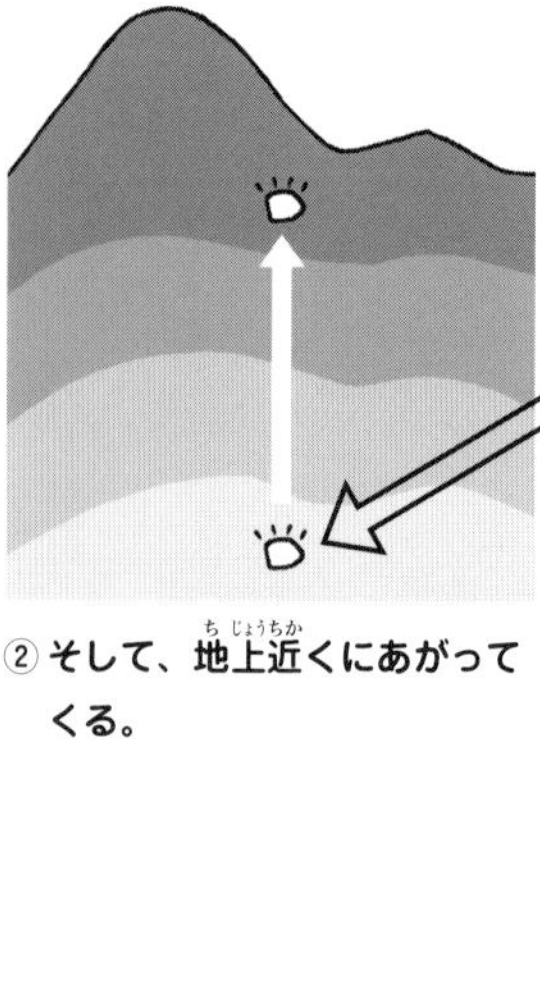

② そして、地上近《ちじょうちか》くにあがってくる。

できます。

宝石《ほうせき》も地下《ちか》深《ふか》くのマグマのあるところでできますが、ふつうの岩《いわ》や石《いし》とはできかたがちがいます。

また、宝石《ほうせき》はさいしょからピカピカに光《ひか》っているわけではありません。土《つち》にうもれている宝石《ほうせき》のもと（原石《げんせき》）をほりだして、きれいにみがきあげます。そして、かがやく宝石《ほうせき》になるのです。

宝石《ほうせき》って
かたいのに
けずることが
できるのね！

宝石《ほうせき》みがきのれい

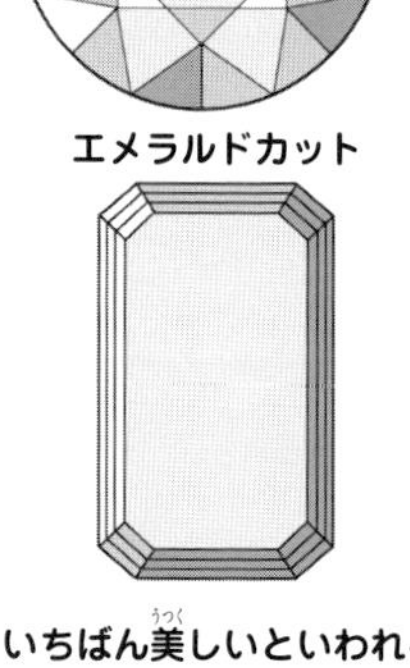
ラウンド
ブリリアントカット
エメラルドカット

ダイヤモンド
回転《かいてん》すると石《いし》。ダイヤモンドの粉《こな》をしみこませている。
ダイヤモンドを回転《かいてん》すると石《いし》でけずる

いちばん美《うつく》しいといわれるダイヤモンドも、このようなきかいでみがかれ、美《うつく》しくなる。

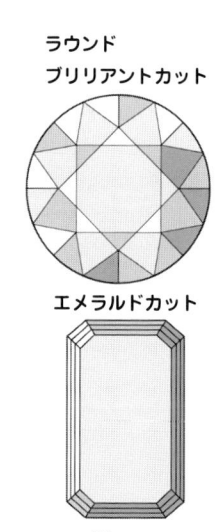

第《だい》5話《わ》

もっとさがそう！
宝石《ほうせき》が
たくさん見《み》つかる
かも？
見《み》つければ
大金《おおがね》もちだ！
コラコラ。

クイズ

地面《じめん》のいちばん深《ふか》いところには何《なに》があるの？

ア 石《いし》や岩《いわ》のかたまりがある。

イ 氷《こおり》のかたまりがある。

ウ 金《きん》ぞくのかたまりがある。

地面《じめん》の下《した》の深《ふか》いところに、マグマがあることはわかったけど、もっともっとほっていって、地面《じめん》のいちばん深《ふか》いところまで行《い》ったら何《なに》があるのかな？

地球《ちきゅう》は丸《まる》い星《ほし》だから、地面《じめん》のいちばん深《ふか》いところというと、地球《ちきゅう》の真《ま》ん中《なか》ということになるね。

地球《ちきゅう》の真《ま》ん中《なか》か～。そんなのだれもわからないかもね……。

地球《ちきゅう》の中身《なかみ》は、ゆでたまごをイメージしてみると、わかりやすいよ。

地面《じめん》をずっとほっていったら、地球《ちきゅう》の反対《はんたい》がわに出《で》られる？
よいしょよいしょ
出《で》た！

答《こた》えは次《つぎ》のページ！

答《こた》え

ウ 金《きん》ぞくのかたまりがある。

【解説《かいせつ》】

地球《ちきゅう》の真《ま》ん中《なか》には、鉄《てつ》とニッケルという金《きん》ぞくのかたまりがあります。

地球《ちきゅう》の中身《なかみ》はおおまかに、地《ち》かく、マントル、核《かく》の３つに分《わ》けられます。

地球《ちきゅう》の表面《ひょうめん》が地《ち》かくです。ここは、かたい岩石《がんせき》でできています。その下《した》はマントルで、やはり岩石《がんせき》でできています（地《ち》かくやマントルにはマグマがあるところもありま

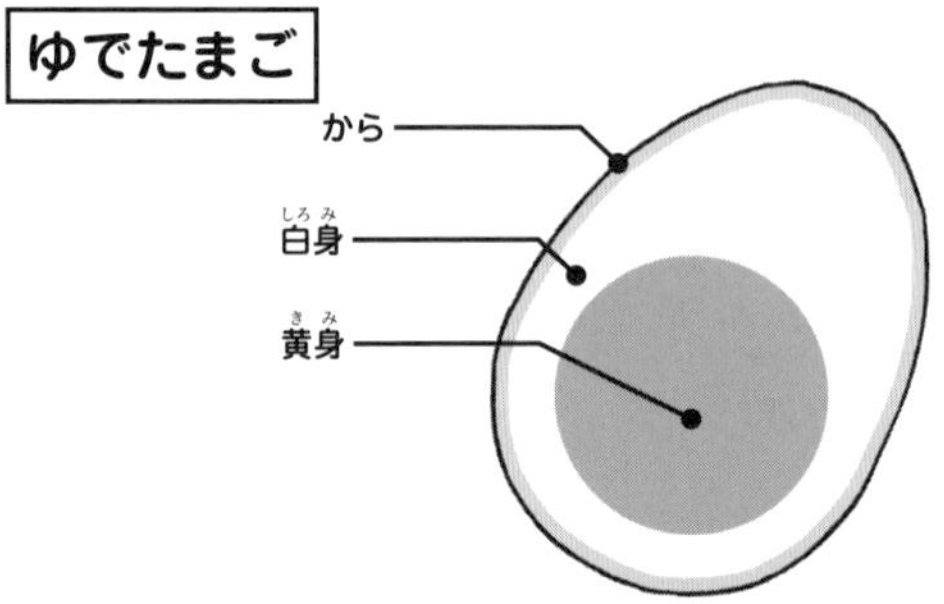
ゆでたまご
から
白身《しろみ》
黄身《きみ》

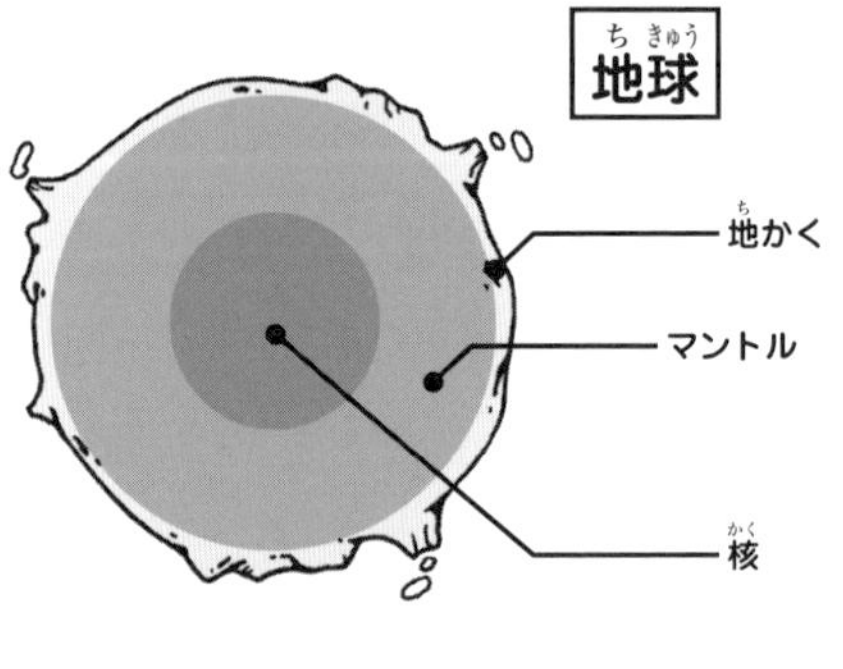
地球《ちきゅう》
地《ち》かく
マントル
核《かく》

ゆでたまごと
地球《ちきゅう》がにているって
こういうことか！

す）。

そして、地球《ちきゅう》の真《ま》ん中《なか》には核《かく》があります。この核《かく》が、鉄《てつ》とニッケルでできているのです。

核《かく》は外核《がいかく》と内核《ないかく》に分《わ》けられます。外核《がいかく》はドロドロにとけたマグマのようなじょうたいで、温度《おんど》は4000～6000度《ど》もあります。内核《ないかく》はかたいかたまりで、温度《おんど》は約《やく》6000度《ど》になります。

このように、地球《ちきゅう》の真《ま》ん中《なか》はとても熱《あつ》いのです。

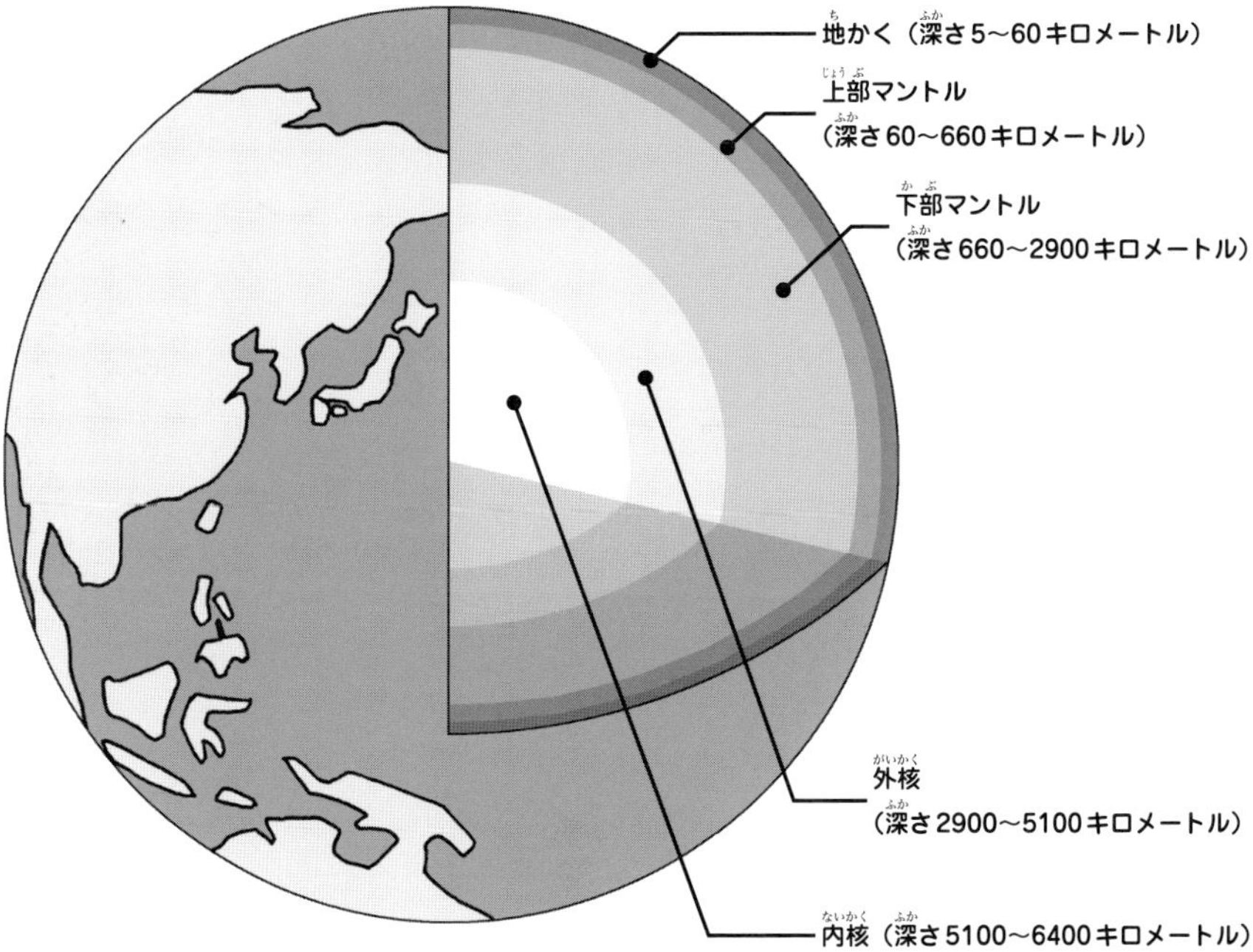

地《ち》かく（深《ふか》さ5～60キロメートル）
上部《じょうぶ》マントル
（深《ふか》さ60～660キロメートル）
下部《かぶ》マントル
（深《ふか》さ660～2900キロメートル）
外核《がいかく》
（深《ふか》さ2900～5100キロメートル）
内核《ないかく》（深《ふか》さ5100～6400キロメートル）

第《だい》6話《わ》

クイズ

雲《くも》は何《なに》でできているの？

ア　水《みず》や氷《こおり》のつぶでできている。

イ　わたがしでできている。

ウ　白《しろ》いけむりでできている。

あの雲《くも》、ドーナツの形《かたち》してるよ！
あっちはおにぎり！

あはは！　おなかすいたの？　食《た》べ物《もの》ばっかり！

飛行機雲《ひこうきぐも》もあるね！　雲《くも》っていろんな形《かたち》があるんだね～。

そうだね。日本《にほん》では季節《きせつ》によってできやすい雲《くも》があるんだ。夏《なつ》は入道雲《にゅうどうぐも》、秋《あき》はうろこ雲《ぐも》とかね。

雲《くも》の名前《なまえ》や形《かたち》をおぼえると、空《そら》を見《み》ていてもおもしろいかも。

とくちょうのある雲《くも》の形《かたち》だね。
うろこ雲《ぐも》……小《ちい》さな雲《くも》が魚《さかな》のうろこのように見《み》える雲《くも》。
入道雲《にゅうどうぐも》……もくもくとした大《おお》きな雲《くも》。

答《こた》えは次《つぎ》のページ！

答《こた》え

ア　水《みず》や氷《こおり》のつぶでできている。

【解説《かいせつ》】

雲《くも》は水《みず》や氷《こおり》のつぶでできています。

空気《くうき》の中《なか》には、目《め》には見《み》えませんが、水《みず》がじょうはつしたじょうたいの、水《すい》じょう気《き》があります。水《すい》じょう気《き》はかるいので、空《そら》の上《うえ》にのぼっていきます。

空《そら》の上《うえ》は気温《きおん》が低《ひく》いため、のぼってきた水《すい》じょう気《き》はひやされて、空《そら》にうかんでいるチリなどにくっつき、水《みず》のつぶや氷《こおり》のつ

ぶになります。これらの水《みず》や氷《こおり》のつぶが集《あつ》まって、雲《くも》ができるのです。

雲《くも》の中《なか》では、水《みず》や氷《こおり》のつぶがくっついて、だんだん大《おお》きくなっていきます。

そして、重《おも》くなった水《みず》や氷《こおり》のつぶが落《お》ちてきます。これが雨《あめ》や雪《ゆき》になるのです。

空《そら》の気温《きおん》が高《たか》ければ、氷《こおり》のつぶがとけて雨《あめ》になってふってきます。気温《きおん》が低《ひく》ければ、氷《こおり》のつぶがとけずに、雪《ゆき》やあられ、ひょうなどになってふってくるのです。

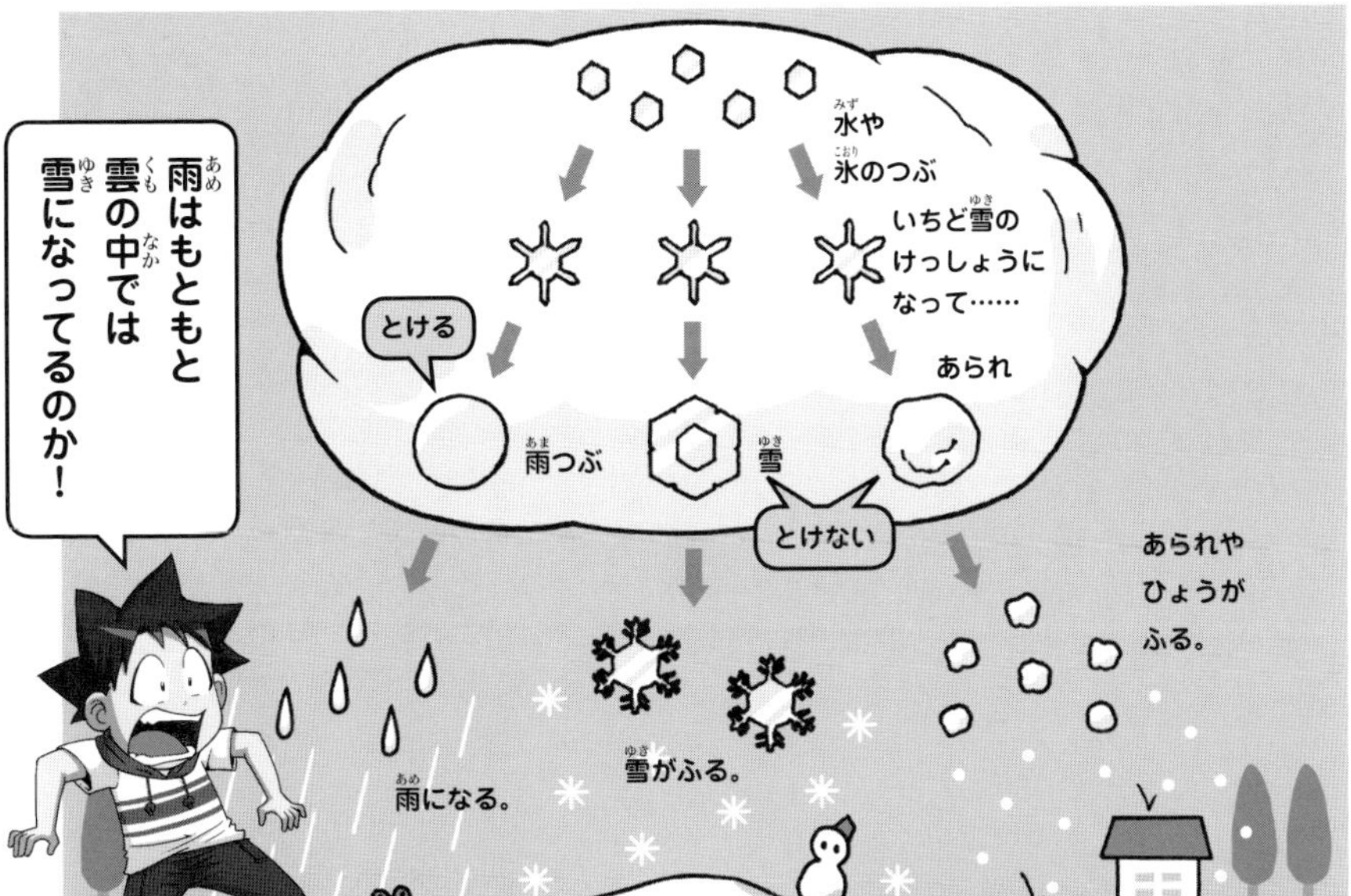

雨《あめ》はもともと雲《くも》の中《なか》では雪《ゆき》になってるのか！
水《みず》や氷《こおり》のつぶ
いちど雪《ゆき》のけっしょうになって……
とける
あられ
雨《あま》つぶ
雪《ゆき》
とけない
あられやひょうがふる。
雪《ゆき》がふる。
雨《あめ》になる。

第《だい》7話《わ》

ボートだ！
この川《かわ》を下《くだ》れば海《うみ》に出《で》られるぞ。
ボートが見《み》つかってよかったね。

クイズ

かわらの石《いし》はどうして丸《まる》いの？

ア 魚《さかな》が食《た》べて、丸《まる》くなった。

イ 川《かわ》を流《なが》れるうちに、けずれて丸《まる》くなった。

ウ たくさんの人《ひと》がふんで、丸《まる》くなった。

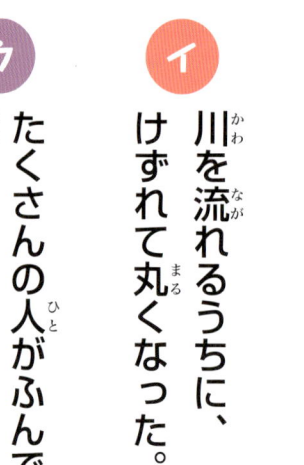

たしか、石《いし》って、マグマがひえてできたものだったよね？

うん。それも石《いし》のできかたのひとつだ。火山《かざん》からふきだしてきたマグマがひえてかたまってできた岩石《がんせき》を「火《か》せい岩《がん》」という。

石《いし》のできかたって、ほかにもあるの？

あるよ。たとえば「たいせき岩《がん》」。これは何千年《なんぜんねん》、何億年《なんおくねん》もの間《あいだ》に、どろやすながかたまってできた岩石《がんせき》。それと「へんせい岩《がん》」は……。

え？　そんなにいっぱいあるの？

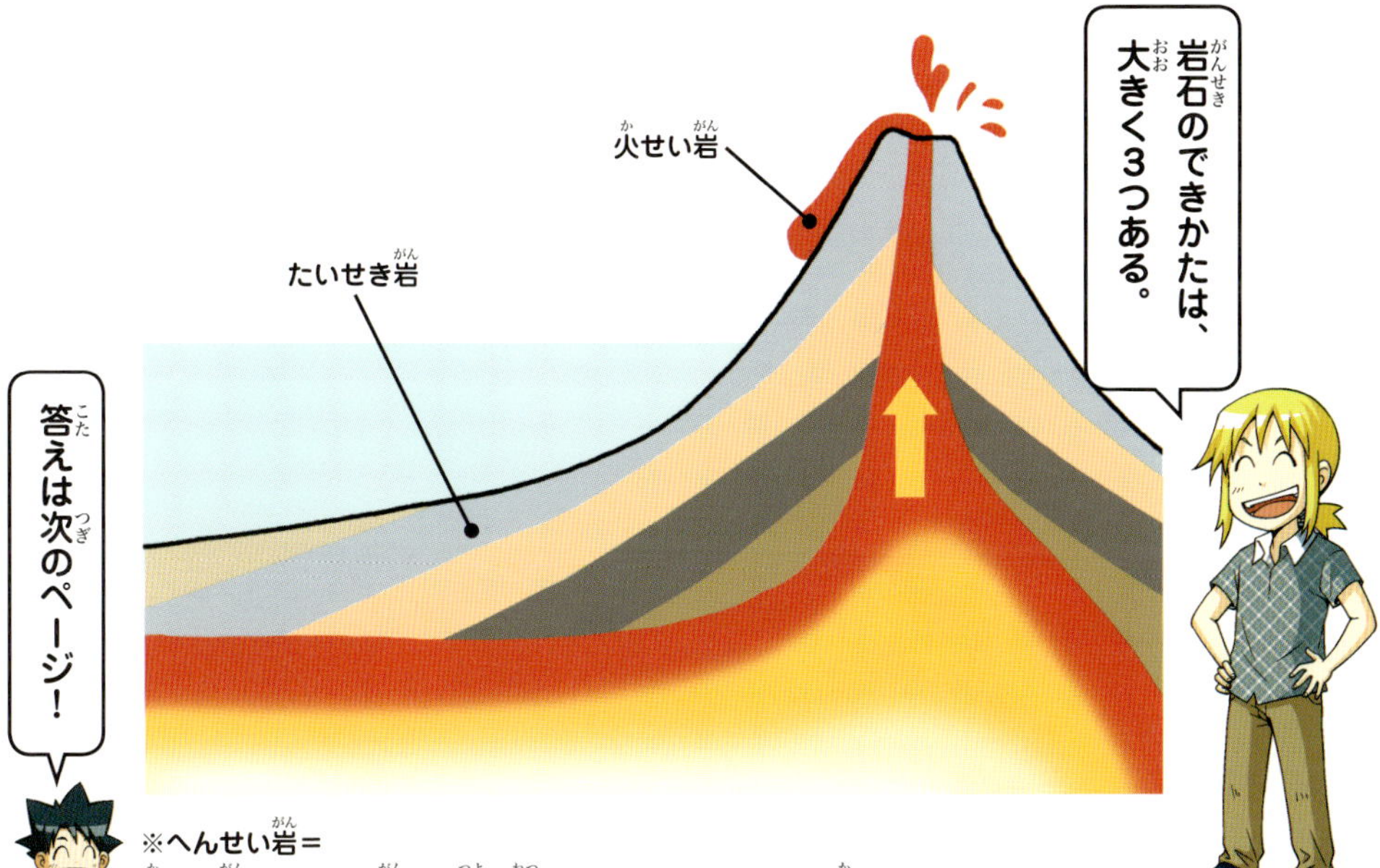

岩石《がんせき》のできかたは、大《おお》きく3つある。
火《か》せい岩《がん》
たいせき岩《がん》
答《こた》えは次《つぎ》のページ！

※へんせい岩《がん》＝
火《か》せい岩《がん》やたいせき岩《がん》が、強《つよ》い熱《ねつ》などをうけてせいしつを変《か》えたもの。

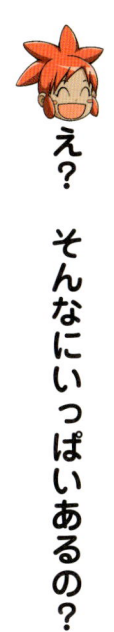

答《こた》え

イ 川《かわ》を流《なが》れるうちに、けずれて丸《まる》くなった。

【解説《かいせつ》】

かわらの石《いし》は、川《かわ》を流《なが》れるうちに、けずれて丸《まる》くなったものです。

山《やま》の上《うえ》にある大《おお》きな岩石《がんせき》が、雨《あめ》や風《かぜ》の力《ちから》でわれたり、木《き》の根《ね》っこの力《ちから》でわれたりして、小《ちい》さな岩《いわ》や石《いし》になって、川《かわ》に流《なが》れていきます。

川《かわ》に流《なが》れた岩《いわ》や石《いし》は、ほかの岩《いわ》や石《いし》にぶつかって、さらに小《ちい》さくわれたり、角《かど》がけ

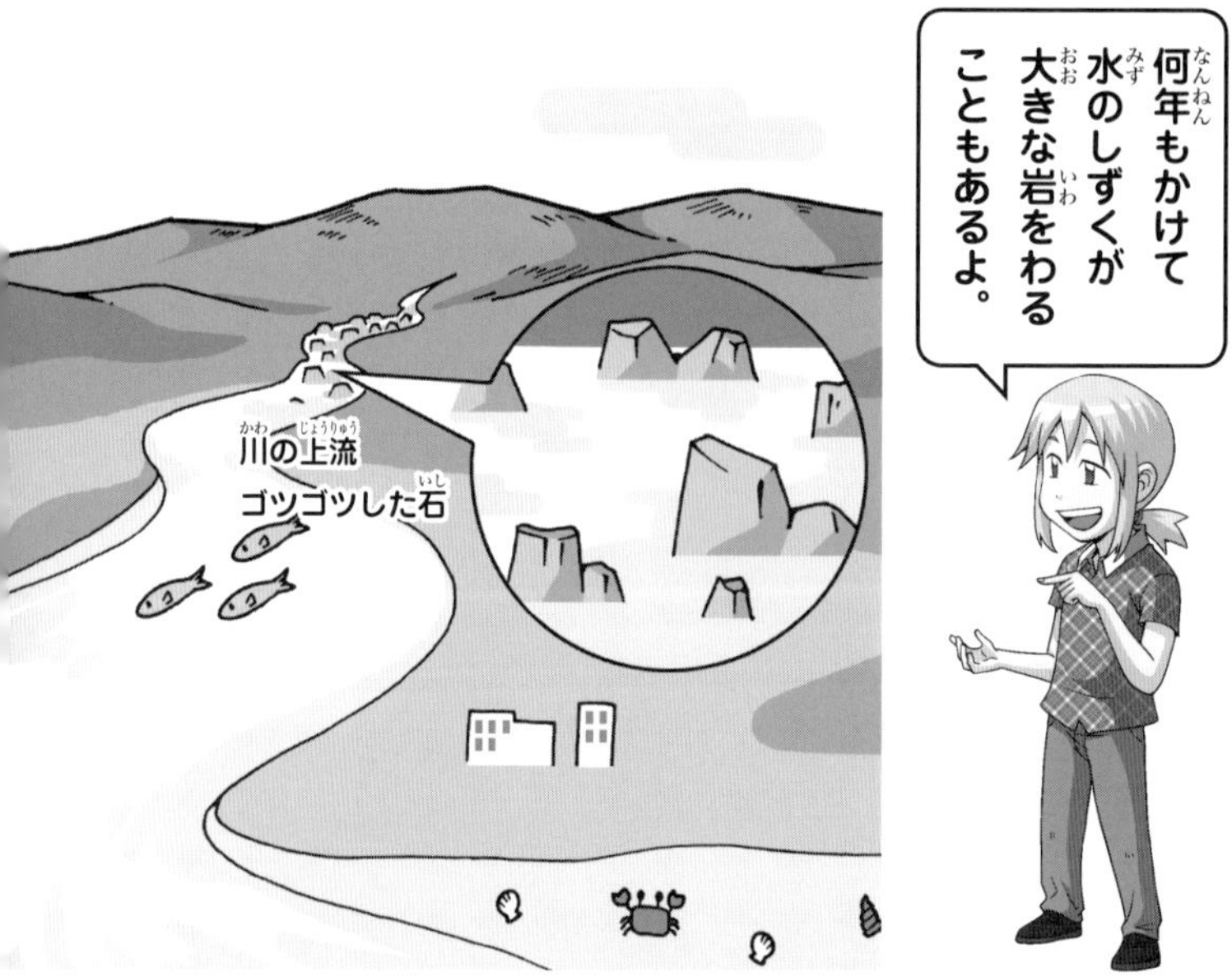
何年《なんねん》もかけて水《みず》のしずくが大《おお》きな岩《いわ》をわることもあるよ。
川《かわ》の上流《じょうりゅう》
ゴツゴツした石《いし》

ずれていったりします。こうして、かわらの石《いし》はだんだん丸《まる》くなっていくのです。

石《いし》が川《かわ》を流《なが》れて、丸《まる》く小《ちい》さくなっていくことは、川《かわ》の上流《じょうりゅう》から、下流《かりゅう》を見《み》ればよくわかります。川《かわ》の上流《じょうりゅう》の石《いし》は、ゴツゴツと角《かど》のあるものが多《おお》く、川《かわ》の下流《かりゅう》の石《いし》は小《ちい》さくて丸《まる》くなります。

かわらの石《いし》は川《かわ》を流《なが》れて丸《まる》くなったのか！
川《かわ》の中流《ちゅうりゅう》
丸《まる》い石《いし》
川《かわ》の下流《かりゅう》〜海《うみ》
小《ちい》さい丸《まる》い石《いし》やすな

第《だい》8話《わ》

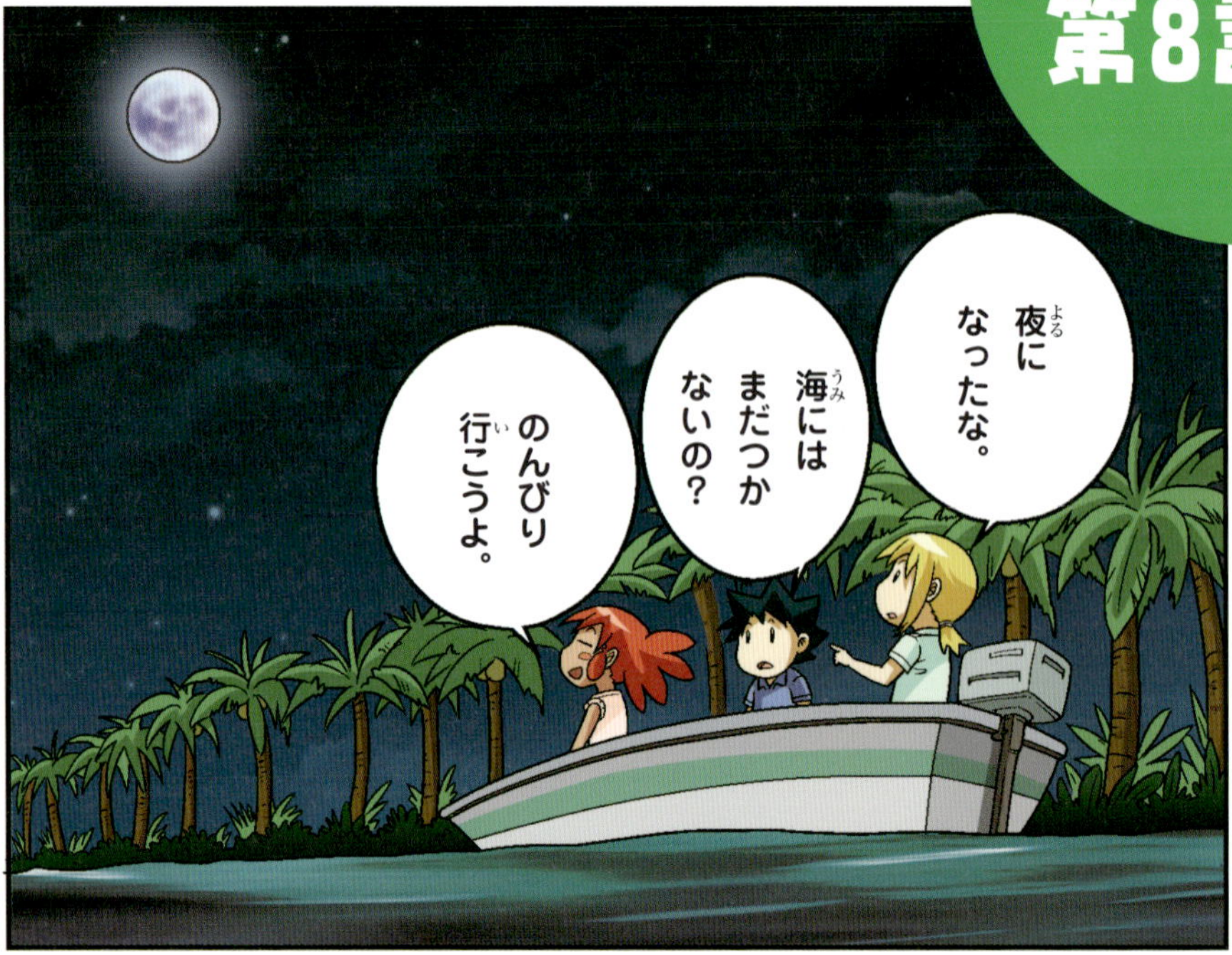

夜《よる》になったな。
海《うみ》にはまだつかないの？
のんびり行《い》こうよ。

クイズ

月《つき》はどのくらい遠《とお》くにあるの？

ア しんかんせんのはやさだと、3日《みっか》かかるぐらい。

イ しんかんせんのはやさだと、10日《とおか》かかるぐらい。

ウ しんかんせんのはやさだと、53日《にち》かかるぐらい。

月《つき》は地球《ちきゅう》のまわりを回《まわ》っている星《ほし》だよ。

ねえケイちゃん！　月《つき》のもようは「ウサギがもちつきをしているすがた」っていわれるけど、どこがウサギで、どこがもちなの？

ははは。ピピには、ウサギに見《み》えないみたいだね。月《つき》のもようが何《なに》に見《み》えるかは、国《くに》によっていろいろちがうんだ。

その国《くに》の人《ひと》たちの考《かんが》えかたが、あらわれているのかもね。

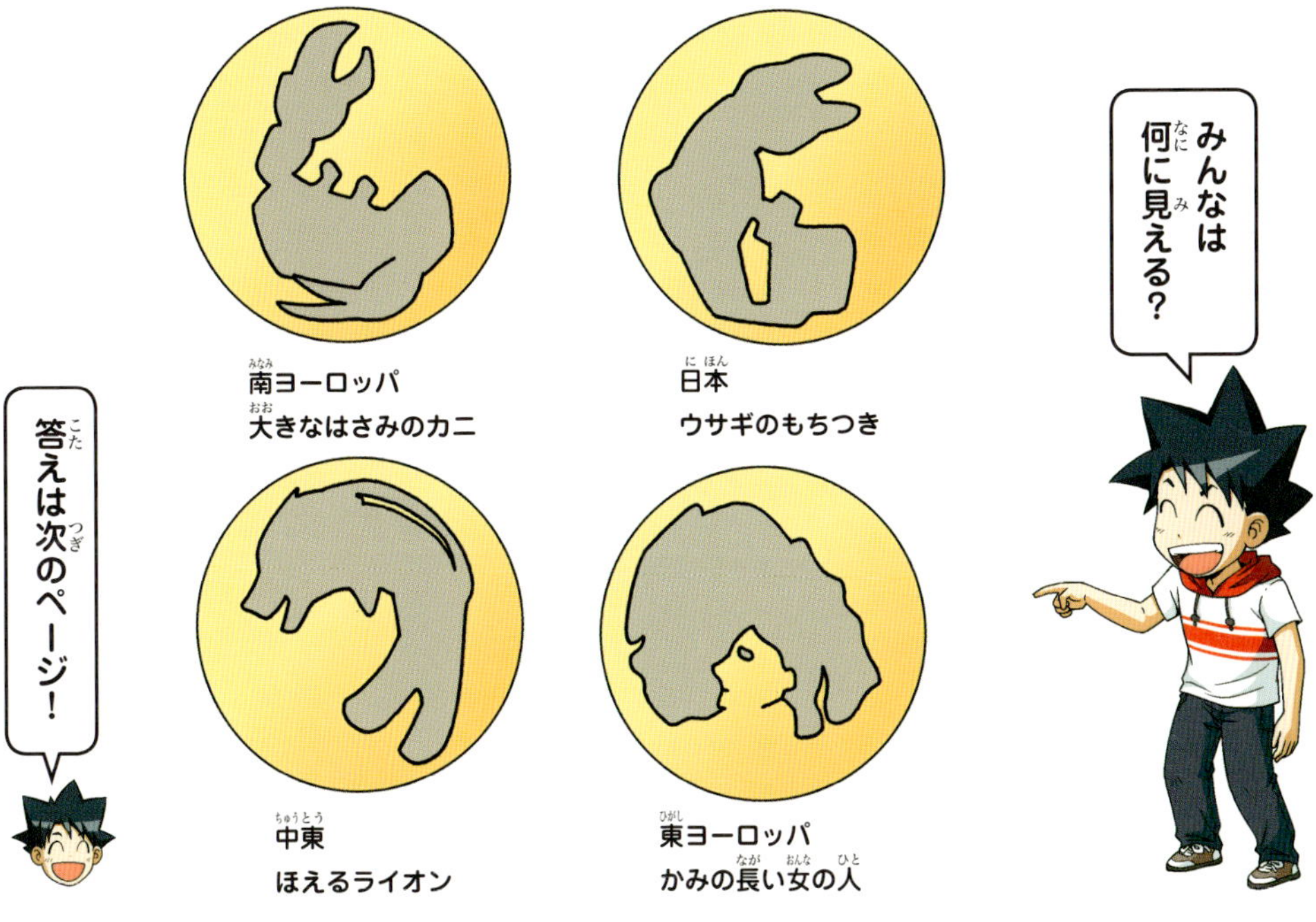

みんなは何《なに》に見《み》える？
日本《にほん》
ウサギのもちつき
南《みなみ》ヨーロッパ
大《おお》きなはさみのカニ
東《ひがし》ヨーロッパ
かみの長《なが》い女《おんな》の人《ひと》
中東《ちゅうとう》
ほえるライオン
答《こた》えは次《つぎ》のページ！

答《こた》え

ウ　しんかんせんのはやさだと、53日《にち》かかるぐらい。

【解説《かいせつ》】

月《つき》は地球《ちきゅう》からおよそ38万《まん》キロメートルははなれたところにあります。

これがどのくらいのきょりかというと、しんかんせんのはやさ（じそく300キロメートル）で進《すす》んだときに、53日《にち》かかるぐらいのきょりです。

「かぐやひめ」のお話《はなし》では、かぐやひめが牛車《ぎっしゃ》（牛《うし》がひく車《くるま》で、人《ひと》が歩《ある》くぐらいの

月《つき》の黒《くろ》く見《み》える
ところは低《ひく》い土地《とち》で
白《しろ》く見《み》えるところは
高《たか》い土地《とち》なんだ
地球《ちきゅう》

スピード）にのって月《つき》に帰《かえ》っていくことになっています。もし、そのままのスピードで月《つき》まで行《い》ったとしたら、およそ11年《ねん》かかってしまいます。

ところで、月《つき》は地球《ちきゅう》のまわりを回《まわ》っていますが、地球《ちきゅう》にはいつも同《おな》じ面《めん》が向《む》けられています。ですから、地球《ちきゅう》から月《つき》のうらがわを見《み》ることはできず、地球《ちきゅう》から見《み》ると、月《つき》のもようはいつもいっしょです。世界中《せかいじゅう》の人《ひと》が同《おな》じもようを見《み》ているのです。

月《つき》
人《ひと》が歩《ある》くはやさだと11年《ねん》ぐらい
しんかんせんのはやさだと53日《にち》ぐらい
およそ38万《まん》キロメートル
月《つき》は毎年《まいとし》地球《ちきゅう》から3・8センチメートルずつ遠《とお》ざかっているんだって！

第《だい》9話《わ》

クイズ

太陽《たいよう》はどうして夜《よる》には出《で》ないの？

ア 月《つき》や星《ほし》の光《ひかり》で、太陽《たいよう》の光《ひかり》がけされるから。

イ 夜《よる》になると、太陽《たいよう》が光《ひかり》を出《だ》すのをやめるから。

ウ 地球《ちきゅう》のうらがわにあって、見《み》えなくなるから。

うちゅうの星《ほし》の中《なか》で、太陽《たいよう》のように自分《じぶん》で光《ひか》りかがやいている星《ほし》を、こう星《せい》というんだ。

地球《ちきゅう》は光《ひか》らないの？

あはは！　太陽《たいよう》と地球《ちきゅう》はぜんぜんちがうだろ！　太陽《たいよう》はものすごい熱《ねつ》と光《ひかり》を出《だ》しているんだぜ。太陽《たいよう》みたいな星《ほし》にいたら、ぼくたちは生《い》きてないって！

はは、そうだね！　じゃあ、地球《ちきゅう》のような星《ほし》はなんていうの？

わく星《せい》っていうのさ。

太陽《たいよう》は地球《ちきゅう》とくらべるととても大《おお》きな星《ほし》だよ。
地球《ちきゅう》
ぼくの直《ちょっ》けいは、地球《ちきゅう》の109倍《ばい》だよ！
答《こた》えは次《つぎ》のページ！

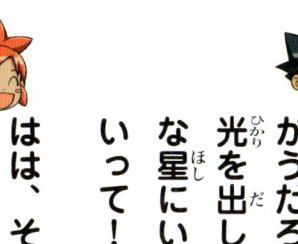

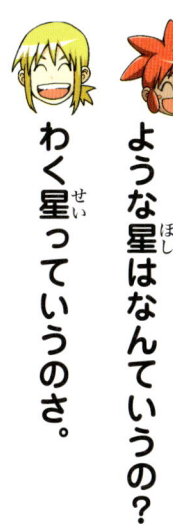

答《こた》え

ウ 地球《ちきゅう》のうらがわにあって、見《み》えなくなるから。

【解説《かいせつ》】

夜《よる》に太陽《たいよう》が出《で》ないのは、太陽《たいよう》が地球《ちきゅう》のうらがわにあって見《み》えなくなるからです。地球《ちきゅう》は1日《にち》で1回転《かいてん》しています。これを自転《じてん》といいます。地球《ちきゅう》がぐるりと1回転《かいてん》する間《あいだ》、わたしたちが太陽《たいよう》のほうにきたときが昼《ひる》になり、太陽《たいよう》と反対《はんたい》のほうにきたときが夜《よる》になります。

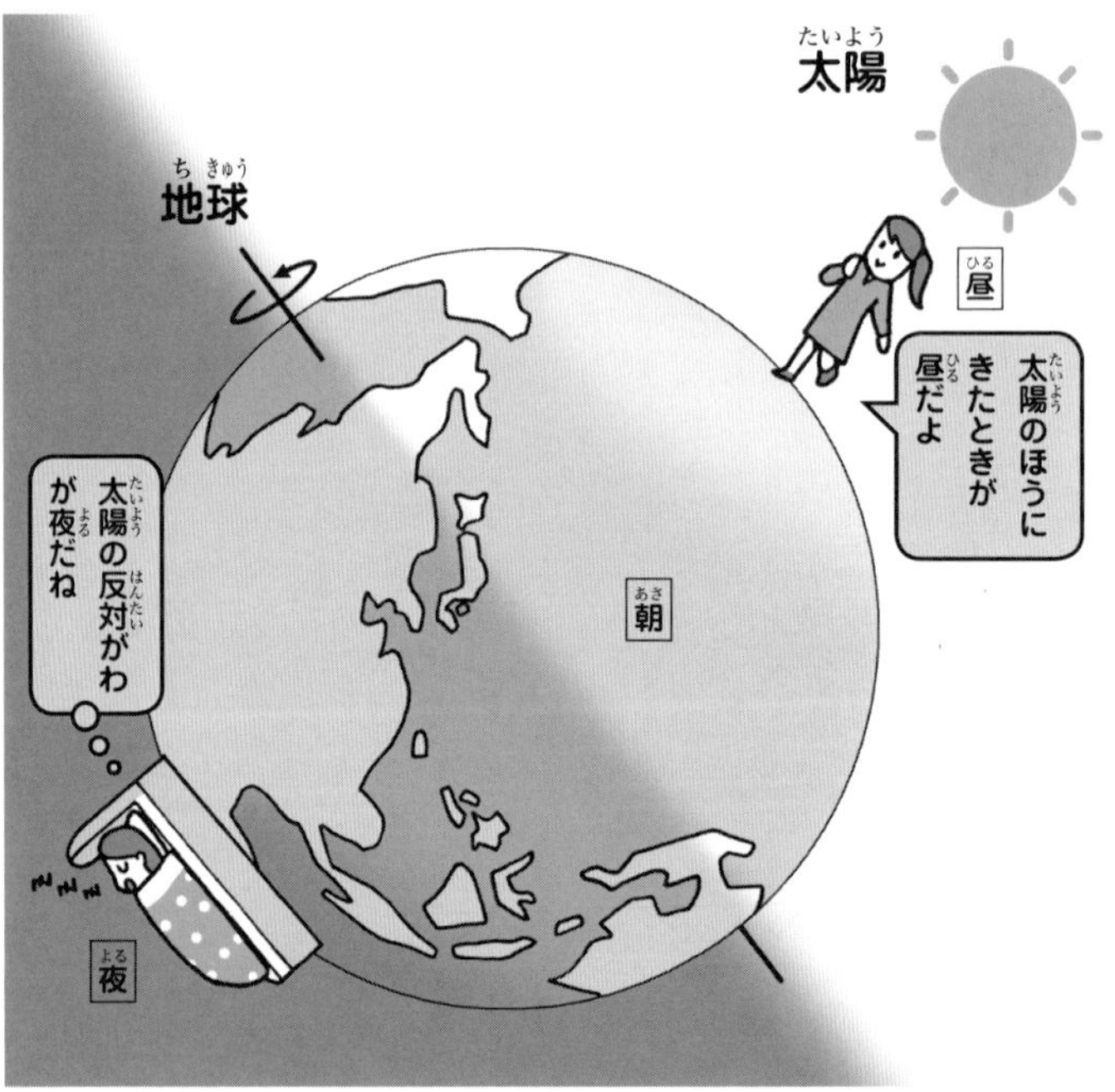
太陽《たいよう》
地球《ちきゅう》
昼《ひる》
太陽《たいよう》のほうにきたときが昼《ひる》だよ
朝《あさ》
太陽《たいよう》の反対《はんたい》がわが夜《よる》だね
夜《よる》

昔《むかし》は、地球《ちきゅう》のまわりをうちゅうの星《ほし》たちが回《まわ》っていると考《かんが》えられていました。でも、今《いま》からおよそ500年前《ねんまえ》に、ポーランドのコペルニクスという天文学者《てんもんがくしゃ》が、回《まわ》っているのはうちゅうの星《ほし》たちではなくて、地球《ちきゅう》のほうだとはっぴょうしました。

この考《かんが》えかたを「地動説《ちどうせつ》」といいますが、そのときはだれも信《しん》じませんでした。

げんざいは、地球《ちきゅう》が太陽《たいよう》のまわりを回《まわ》っていることが明《あき》らかになっています。

太陽《たいよう》のまわりを
地球《ちきゅう》やほかのわく星《せい》が
回《まわ》っている。
これがぼくらのすむ
太陽系《たいようけい》だ！

土星《どせい》
海王星《かいおうせい》
火星《かせい》
太陽《たいよう》
地球《ちきゅう》
金星《きんせい》
天王星《てんのうせい》
水星《すいせい》
木星《もくせい》

第《だい》10話《わ》

クイズ

海《うみ》のいちばん深《ふか》いところはどのくらい？

ア エベレスト山《さん》を3つかさねたぐらいの深《ふか》さ。

イ 富士山《ふじさん》を3つかさねたぐらいの深《ふか》さ。

ウ 東京《とうきょう》スカイツリーを3つかさねたぐらいの深《ふか》さ。

世界《せかい》一《いち》高《たか》い山《やま》はエベレスト山《さん》って知《し》ってるけど、海《うみ》のいちばん深《ふか》いところは知《し》らないな……。

エベレスト山《さん》ってどのくらいの高《たか》さ？

８８４８メートルさ。富士山《ふじさん》が３７７６メートルだから、富士山《ふじさん》を２つかさねたよりも高《たか》いんだ。

山《やま》の高《たか》さ、よくおぼえているね。

山《やま》だけじゃないぞ、東京《とうきょう》スカイツリーの高《たか》さは６３４メートル、東京《とうきょう》タワーの高《たか》さは３３３メートルさ！

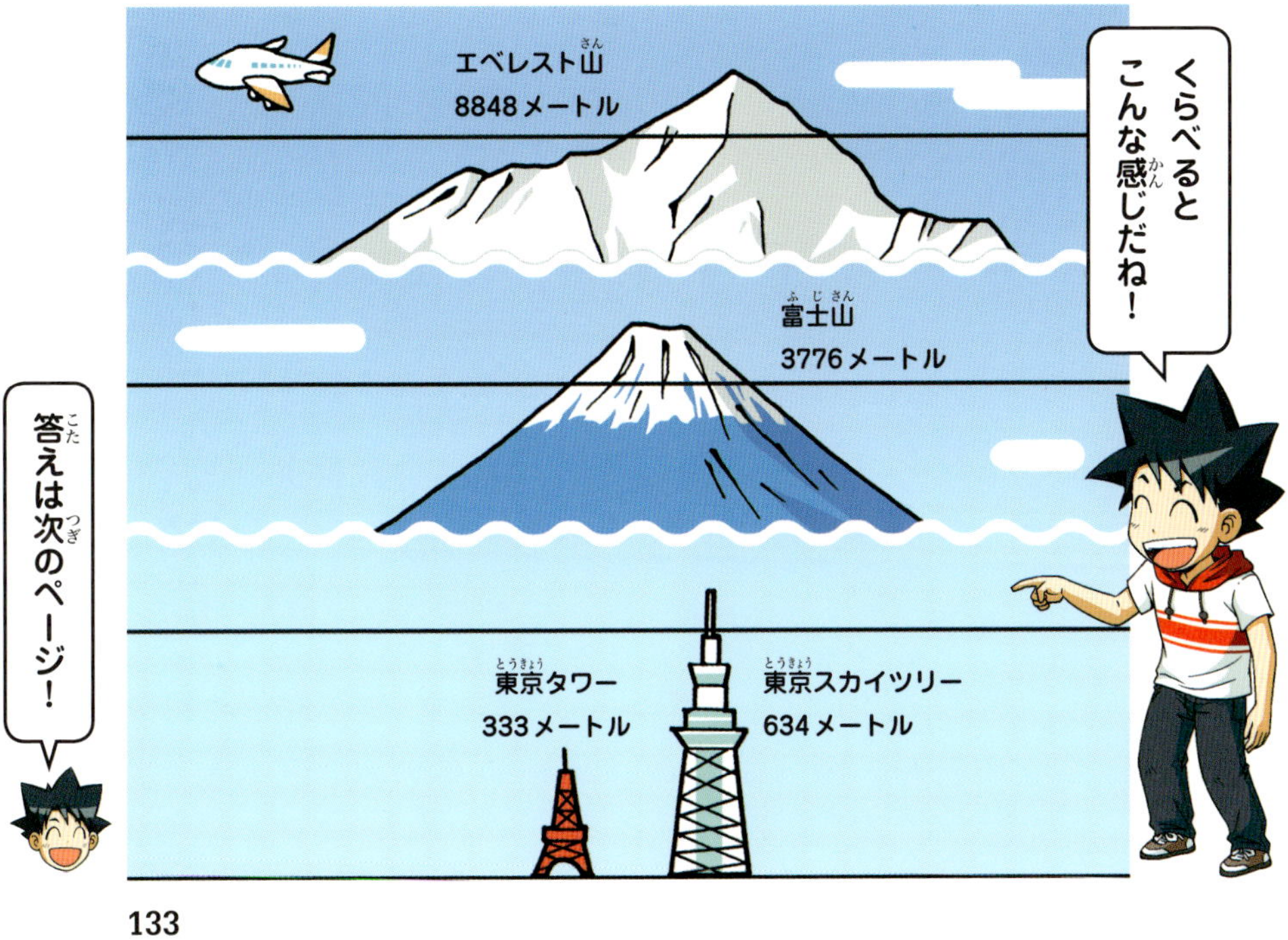

くらべるとこんな感《かん》じだね！
エベレスト山《さん》
8848メートル
富士山《ふじさん》
3776メートル
東京《とうきょう》タワー
333メートル
東京《とうきょう》スカイツリー
634メートル
答《こた》えは次《つぎ》のページ！

答《こた》え

イ　富士山《ふじさん》を3つかさねたぐらいの深《ふか》さ。

【解説《かいせつ》】

海《うみ》でいちばん深《ふか》いところは、海溝《かいこう》とよばれるところです。

世界《せかい》の海《うみ》でもっとも深《ふか》い海溝《かいこう》は、日本《にほん》の南《みなみ》のほうにある、フィリピンのおきのマリアナ海溝《かいこう》で、1万《まん》920メートルの深《ふか》さがあります。

富士山《ふじさん》を3つかさねるとおよそ1万《まん》1000メートルですから、それぐらい深《ふか》

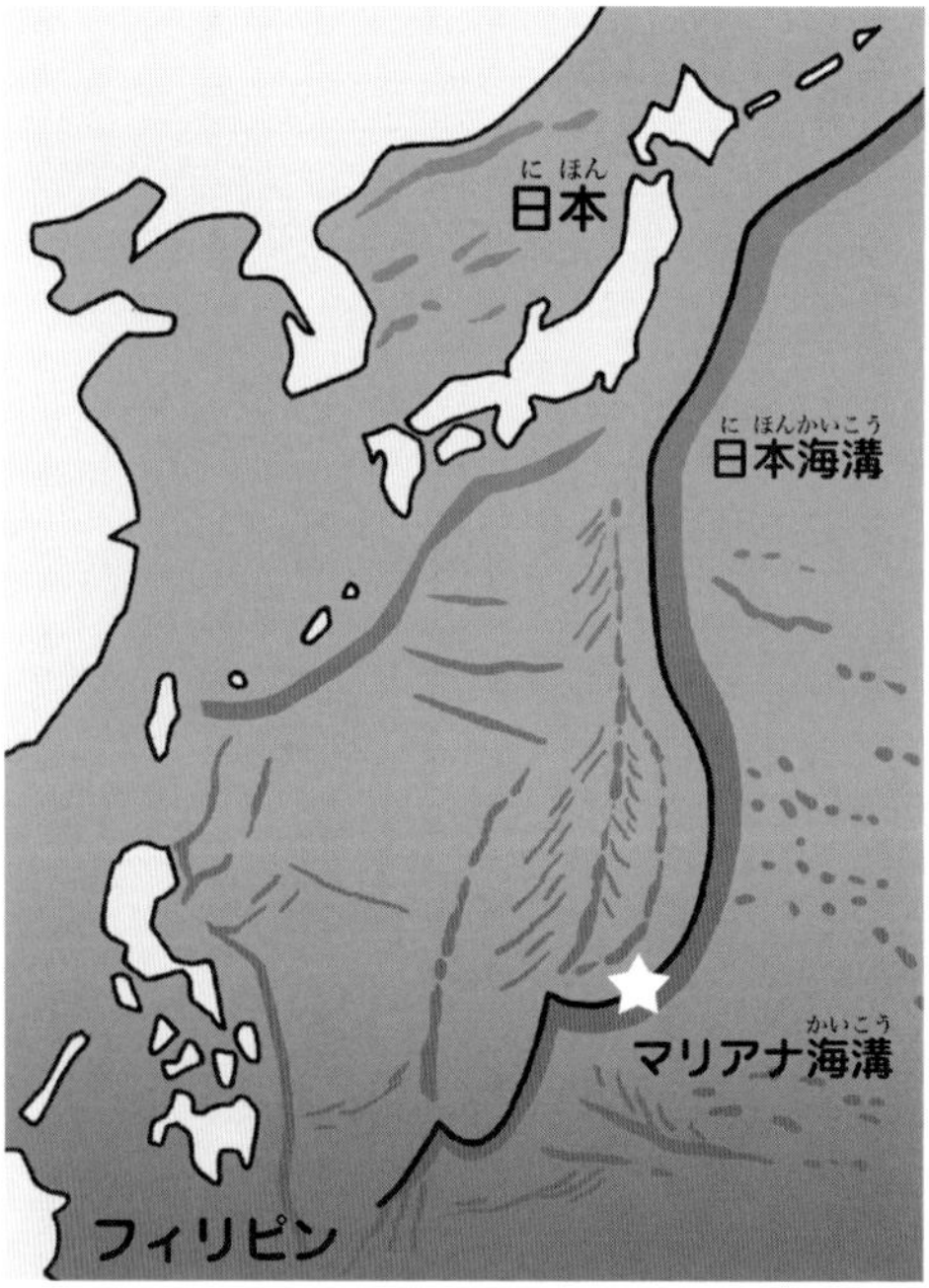
日本《にほん》
日本海溝《にほんかいこう》
マリアナ海溝《かいこう》
フィリピン

海溝《かいこう》は海底《かいてい》がくぼんでみぞになっているところだよ。

い海溝《かいこう》なのです。

海《うみ》は水面《すいめん》から200メートルぐらいもぐると、光《ひかり》がほとんどとどかなくなります。それより深《ふか》い海《うみ》を、深海《しんかい》とよんでいます。

そんな深海《しんかい》にも生《い》き物《もの》がいます。海底《かいてい》でくらすカニや、深海魚《しんかいぎょ》たちです。

深海魚《しんかいぎょ》には、深海《しんかい》のわずかな光《ひかり》をとらえるためにダイオウイカのように目《め》がとても大《おお》きくなったものや、ぎゃくに目《め》が見《み》えなくなったもの、体《からだ》が光《ひか》るものなどがいます。

ダイオウイカの目玉《めだま》は、バスケットボールくらいだって！

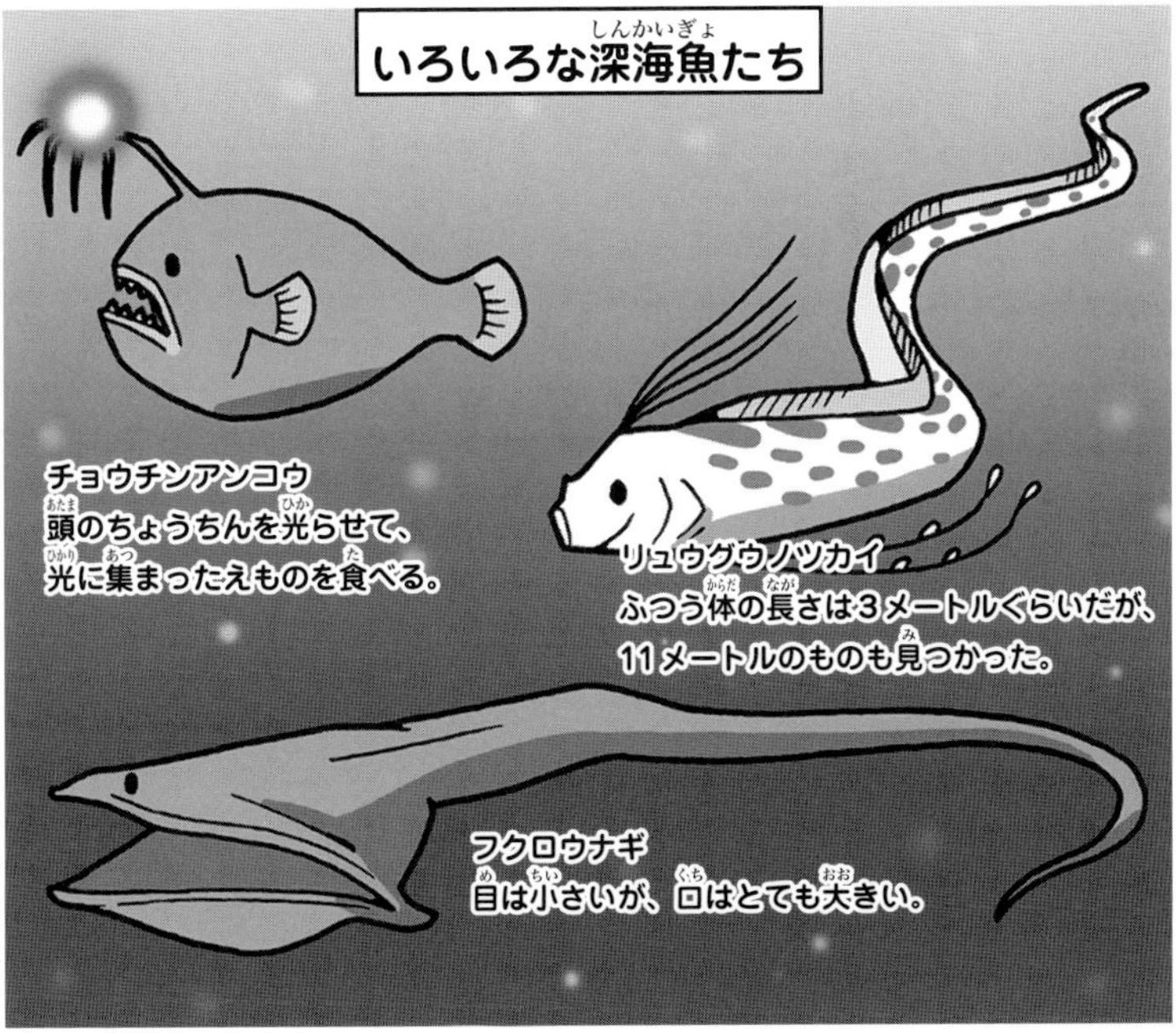
いろいろな深海魚《しんかいぎょ》たち
チョウチンアンコウ
頭《あたま》のちょうちんを光《ひか》らせて、光《ひかり》に集《あつ》まったえものを食《た》べる。
リュウグウノツカイ
ふつう体《からだ》の長《なが》さは3メートルぐらいだが、11メートルのものも見《み》つかった。
フクロウナギ
目《め》は小《ちい》さいが、口《くち》はとても大《おお》きい。

しぜんのサバイバル ビックリ豆《まめ》ちしき！

しぜんのふしぎを、もっと知《し》ってみよう！

1 さばくにすんでいた きょうりゅう？

中国《ちゅうごく》とモンゴルの間《あいだ》にあるゴビさばくでは、たくさんのきょうりゅうの化石《かせき》が発見《はっけん》されているよ。

2 夏《なつ》に出《で》てくる ようかい雲《ぐも》？

夏《なつ》によく見《み》かける、もくもくとわきあがっているような大《おお》きな雲《くも》。これは「入《にゅう》道雲《どうぐも》」というよ。

さばくといえば、水《みず》が少《すく》ない場所《ばしょ》。きょうりゅうたちは、ひょっとして、あまり水《みず》を飲《の》まなくても生《い》きていけたんだろうか？

じつは、きょうりゅうがすんでいた大《おお》昔《むかし》、このさばくは木々《きぎ》がたくさんしげった水《みず》のゆたかな場所《ばしょ》だったらしい。

今《いま》はさばくになっている場所《ばしょ》だからと言《い》って、大昔《おおむかし》からそうだったとはかぎらないんだね。

「かみなり雲《ぐも》（らい雲《うん》）」ともいって、かみなりや、はげしい雨《あめ》をもたらす雲《くも》なんだ。

でも、「入道雲《にゅうどうぐも》」ってへんな名前《なまえ》だね。昔話《むかしばなし》に出《で》てくるようかいの中《なか》に、「大《おお》入道《にゅうどう》」というぼうず頭《あたま》の大《おお》きなようかいがいるんだけど、その大入道《おおにゅうどう》のすがたににているから、この名前《なまえ》がつけられたといわれているよ。

「入道雲《にゅうどうぐも》」の正式《せいしき》な名前《なまえ》は「せきらん雲《うん》」というんじゃ。

身近《みぢか》な科学《かがく》のサバイバル

山《やま》の中《なか》でまいごになった、
ジオ、ピピ、ケイの3人《にん》。

クイズをときながら
サバイバルしよう！

第《だい》1話《わ》

クイズ

まほうびんのお茶《ちゃ》はどうしてあたたかいまま？

ア　電気《でんき》でお茶《ちゃ》をわかしているから。

イ　その名《な》のとおり、まほうを使《つか》ってあたためているから。

ウ　中《なか》の熱《ねつ》が、にげにくいしくみになっているから。

ふつうのコップだと冷《さ》めてしまうのに、まほうびんだと、どうしてあたたかいままなの？

あたたかさをたもつだけじゃないよ。冷《つめ》たいものをまほうびんに入《い》れておいても、冷《つめ》たいままなんだ。

お湯《ゆ》をわかす電気《でんき》ポットには、電気《でんき》のコードがついてるけれど、まほうびんには、コードがないね。

うーん、ふしぎ。やっぱりまほうを使《つか》っているのかな？

まさか！

冷《つめ》たいものは冷《つめ》たいままだな。
ひんやり
答《こた》えは次《つぎ》のページ！

答《こた》え

ウ 中《なか》の熱《ねつ》が、にげにくいしくみになっているから。

【解説《かいせつ》】

まほうびんは、外側《そとがわ》のびんと内側《うちがわ》のびんの、2つのびんをかさねたような形《かたち》になっています。そして、2つのびんの間《あいだ》は、空《くう》気《き》がほとんどない、「真空《しんくう》」というじょうたいにしてあります。

熱《ねつ》は、空気《くうき》があるところをつたわるので、真空《しんくう》の部分《ぶぶん》をこえることができず、びんの外《そと》に熱《ねつ》がにげていかないのです。

まほうびんの中《なか》から熱《ねつ》がにげにくいということは、外《そと》からも熱《ねつ》が入《はい》りにくいということです。

びんの外《そと》の熱《ねつ》が中《なか》につたわらないので、まほうびんに冷《つめ》たいものを入《い》れておくと、冷《つめ》たいまままたもつことができるのです。

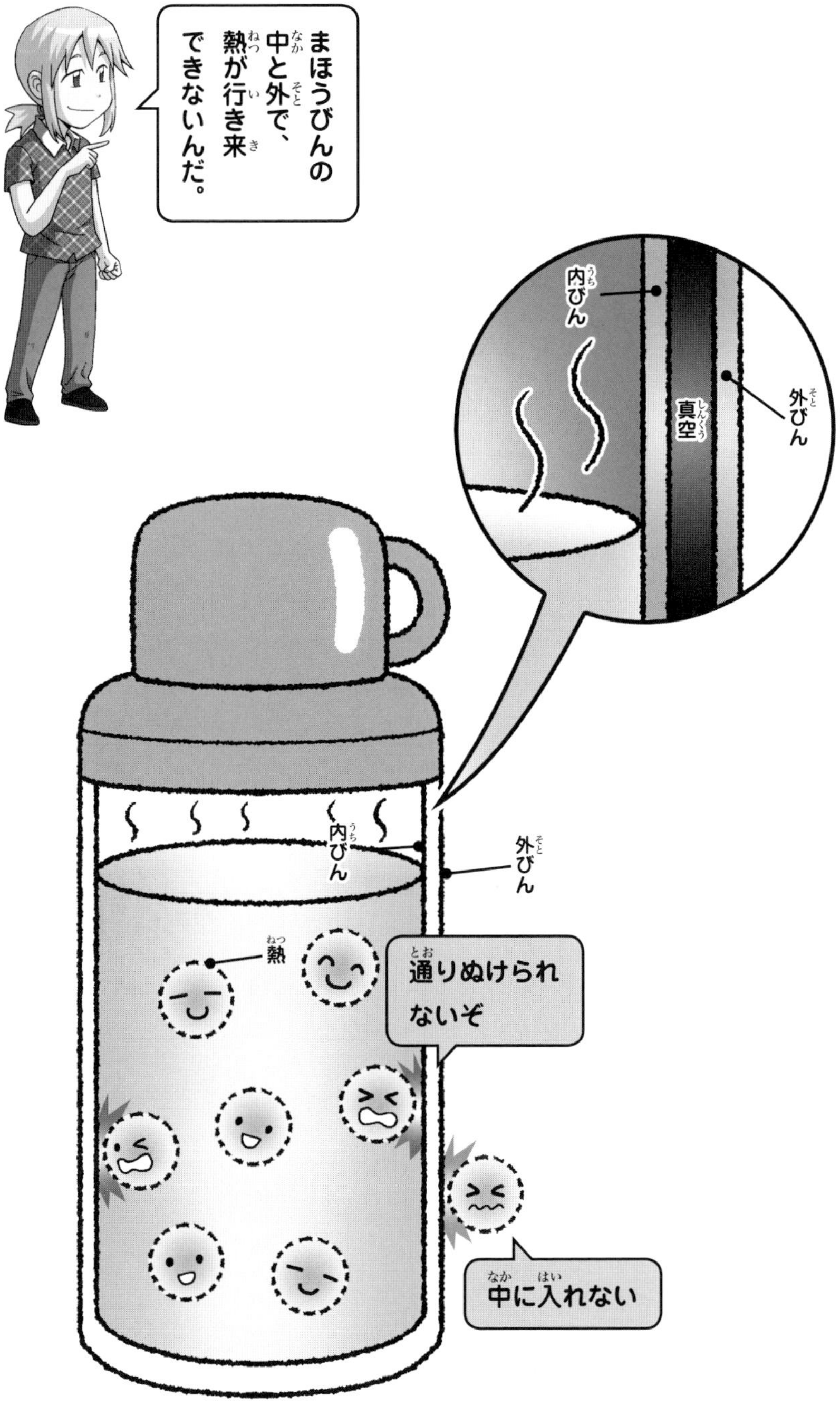
まほうびんの中《なか》と外《そと》で、熱《ねつ》が行《い》き来《き》できないんだ。
内《うち》びん
真空《しんくう》
外《そと》びん
内《うち》びん
外《そと》びん
熱《ねつ》
通《とお》りぬけられないぞ
中《なか》に入《はい》れない

第《だい》2話《わ》

すごい
つり橋《ばし》だ。
ユラユラして
楽《たの》しーっ！
ピピ。
やめて！
ゆらさ
ないで〜。

クイズ

つり橋《ばし》はどうやってつくるの？

ア さいしょに1本《ぽん》のロープを通《とお》して、少《すこ》しずつつくる。

イ できあがったつり橋《ばし》を、ヘリコプターで空《そら》から下《お》ろす。

ウ 谷《たに》のそこから、はしごを使《つか》ってつくる。

橋《はし》の下《した》を見《み》て！　すごく深《ふか》い谷《たに》だよ。

こんな場所《ばしょ》に、よく橋《はし》をかけたね。

川《かわ》にかかるふつうの橋《はし》は、川《かわ》の中《なか》に柱《はしら》が立《た》っているけど、こういう深《ふか》い谷《たに》に柱《はしら》を立《た》てるのは、さすがにむりだな～。

どこか別《べつ》の場所《ばしょ》でつり橋《ばし》をつくって、ヘリコプターとかではこぶんじゃないかな？

いい考《かんが》えだけど、ヘリコプターや飛《ひ》行機《こうき》がない時代《じだい》にも、つり橋《ばし》はあったよ。

答《こた》えは次《つぎ》のページ！

答《こた》え

ア さいしょに1本《ぽん》のロープを通《とお》して、少《すこ》しずつつくる。

【解説《かいせつ》】

つり橋《ばし》をつくるときは、さいしょに1本《ぽん》の細《ほそ》いロープを向《む》こうぎしにわたします。そして、そのロープをたよりにして、太《ふと》いロープや木《き》の板《いた》などをわたし、つり橋《ばし》をつくっていきます。

さいしょにロープを向《む》こうぎしにわたすとき、昔《むかし》は弓矢《ゆみや》や大砲《たいほう》を使《つか》っていました。今《いま》は、銃《じゅう》のようなものでうち出《だ》したり、小《ちい》

さなロケットを使《つか》ったりしています。大《おお》きなつり橋《ばし》の場合《ばあい》は、ヘリコプターを使《つか》ってさいしょのロープをわたします。

うき橋《はし》

水《みず》にうく台《だい》をならべて、その上《うえ》に橋《はし》をつくる。

アーチ橋《ばし》

弓《ゆみ》のような形《かたち》に石《いし》を組《く》んでつくる。

可動橋《かどうきょう》

橋《はし》の一部《いちぶ》が動《うご》く。大《おお》きな船《ふね》が通《とお》るときだけ、真《ま》ん中《なか》が開《ひら》く橋《はし》もある。

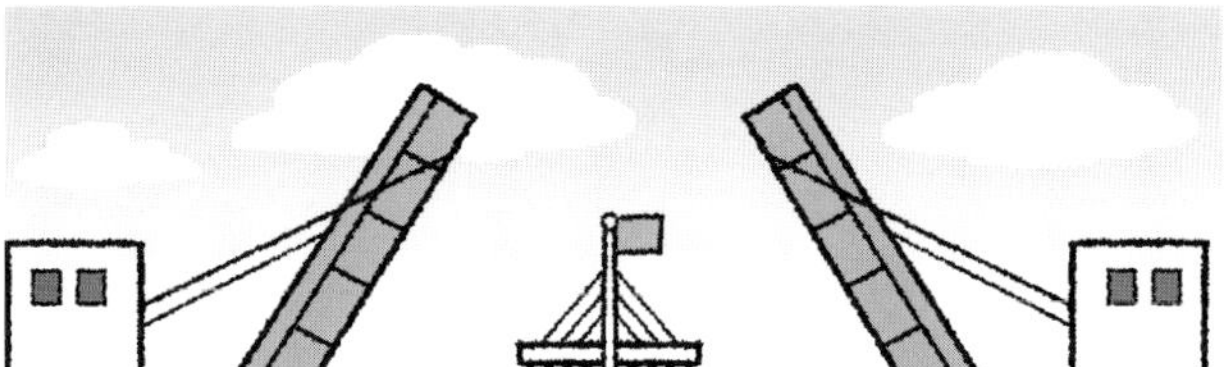

第《だい》3話《わ》

クイズ

ドライアイスをさわるとどうなるの？

ア 体《からだ》がとける。

イ やけどする。

ウ なんともならない。

ドライアイスって氷《こおり》とよくにているけど、ちがうものなの？

氷《こおり》は水《みず》がこおったもの、ドライアイスは二酸化炭素《にさんかたんそ》がこおったものだよ。

二酸化炭素《にさんかたんそ》って、空気《くうき》にふくまれているものでしょ？　そんなのも、こおるんだ！

まあ、氷《こおり》をつくるよりも、ずっと冷《つめ》たい温度《おんど》にしないといけないけどね。

そういえばケーキを買《か》ったとき、お店《みせ》の人《ひと》は、手《て》ぶくろをしてドライアイスをさわっていたよ。

氷《こおり》

ドライアイス

答《こた》え

イ やけどする。

【解説《かいせつ》】

ドライアイスに長《なが》くふれると、やけどをすることがあります。冷《つめ》たいものによるやけどは、正《ただ》しくは「凍傷《とうしょう》」といいます。

とても冷《つめ》たいものにふれると、皮《ひ》ふや、その下《した》を流《なが》れる血《ち》がこおり、皮《ひ》ふや、皮《ひ》ふの中《なか》がこわれてしまいます。これが凍傷《とうしょう》です。

ドライアイスは
じかに
さわらない
ようにね！
ピキーン
血《けっ》かん
つめた〜い!!
皮《ひ》ふ

もし、ドライアイスでやけどしてしまったら、すぐにやけどした部《ぶ》分《ぶん》をぬるま湯《ゆ》につけましょう。

しばらくつけていてもいたみが引《ひ》かなかったり、水《みず》ぶくれができたりしたら、お医《い》者《しゃ》さんに行《い》ってくださいね。

もしやけどしたら…

ふつうのやけど

15～30分《ぷん》、水道水《すいどうすい》や冷《つめ》たいシャワーで、やけどした場《ば》所《しょ》をひやす。

ドライアイスのやけど（凍傷《とうしょう》）

15～30分《ぷん》、ぬるま湯《ゆ》につけて、やけどした場《ば》所《しょ》をあたためる。

ふつうのやけどのときと反対《はんたい》なんだね。

第《だい》4話《わ》

クイズ

コンニャクは何《なに》からできているの？

ア 魚《さかな》の肉《にく》。

イ イモ。

ウ コンブ。

コンニャクあきた〜。コンニャク以《い》外《がい》のものが食《た》べたいよ〜！

コンニャクは体《からだ》にいいんだぞ。それに、ほとんどが水分《すいぶん》だから、ダイエットにもなるし。

コンニャクって、黒《くろ》いのと白《しろ》いのがあるけど、どうちがうの？

作《つく》りかたがちがうんだ。黒《くろ》いコンニャクは、原料《げんりょう》になるものの皮《かわ》が入《はい》っているんだよ。

皮《かわ》があるものが、原料《げんりょう》ってことか。

コンニャクにもいろんな形《かたち》があるよ。
玉《たま》コンニャク
板《いた》コンニャク
糸《いと》コンニャク
答《こた》えは次《つぎ》のページ！

【おうちの方へ】白いコンニャクにヒジキなどの海藻を入れて、黒くしているものもあります。

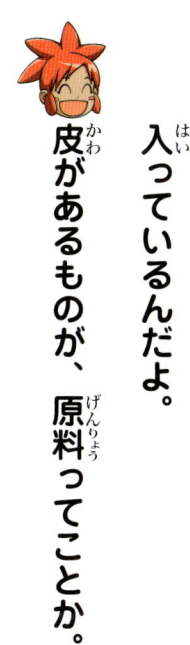

答《こた》え

イ　イモ。

【解説《かいせつ》】

コンニャクは、「コンニャクイモ」というイモからできています。

生《なま》のコンニャクイモは、少《すこ》しかじっただけでも口《くち》の中《なか》がいたくなるほどあくが強《つよ》く、とても食《た》べられません。しかし、てまをかけてコンニャクにすることで、おいしく食《た》べられます。

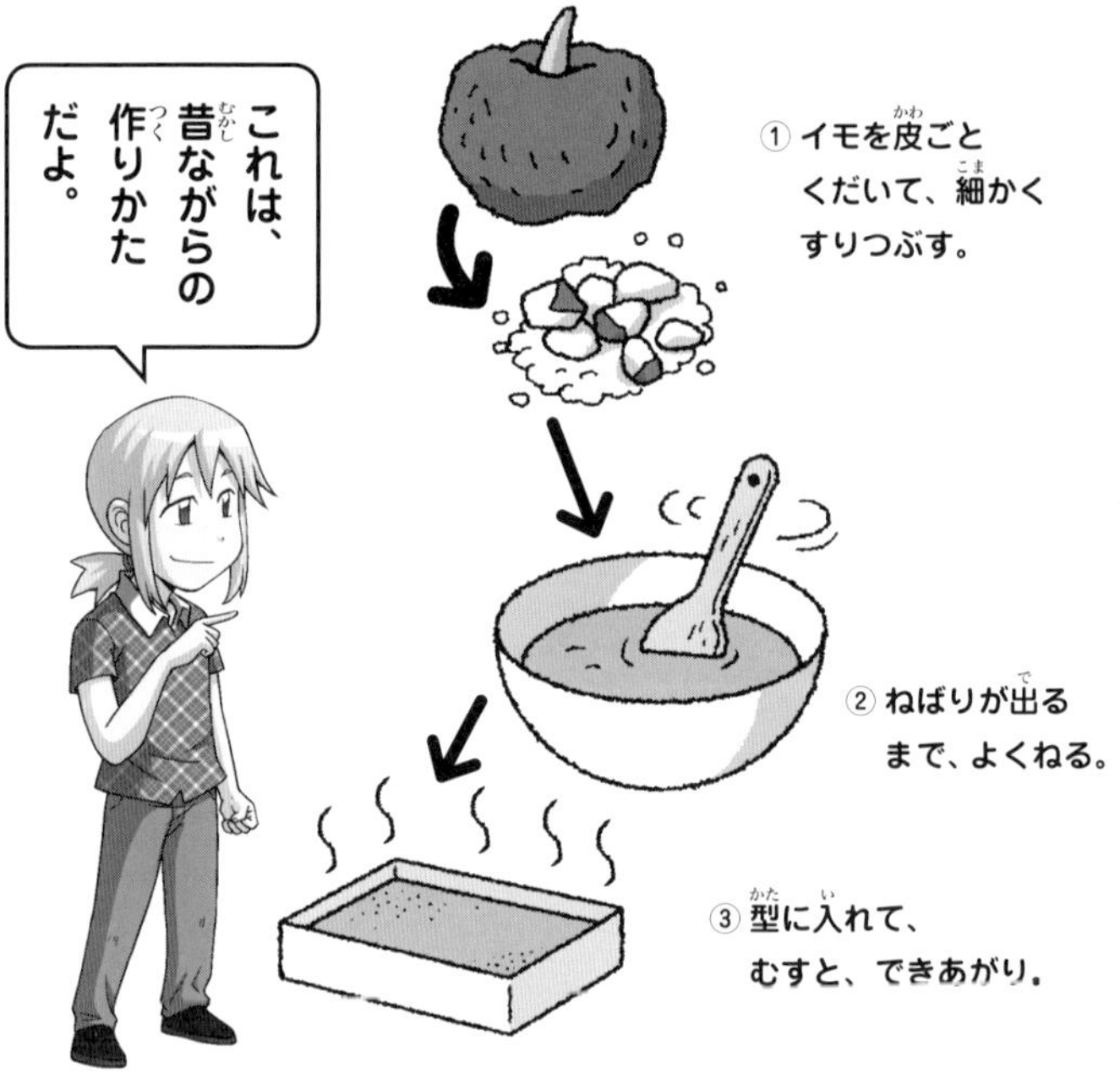
これは、昔《むかし》ながらの作《つく》りかただよ。
① イモを皮《かわ》ごとくだいて、細《こま》かくすりつぶす。
② ねばりが出《で》るまで、よくねる。
③ 型《かた》に入《い》れて、むすと、できあがり。

ちょっと見《み》ただけでは、何《なに》から作《つく》られているのかわからないものもあります。次《つぎ》の食《た》べ物《もの》は何《なに》からできているか、わかりますか？

わたしの
すきなもの
ばっかり。

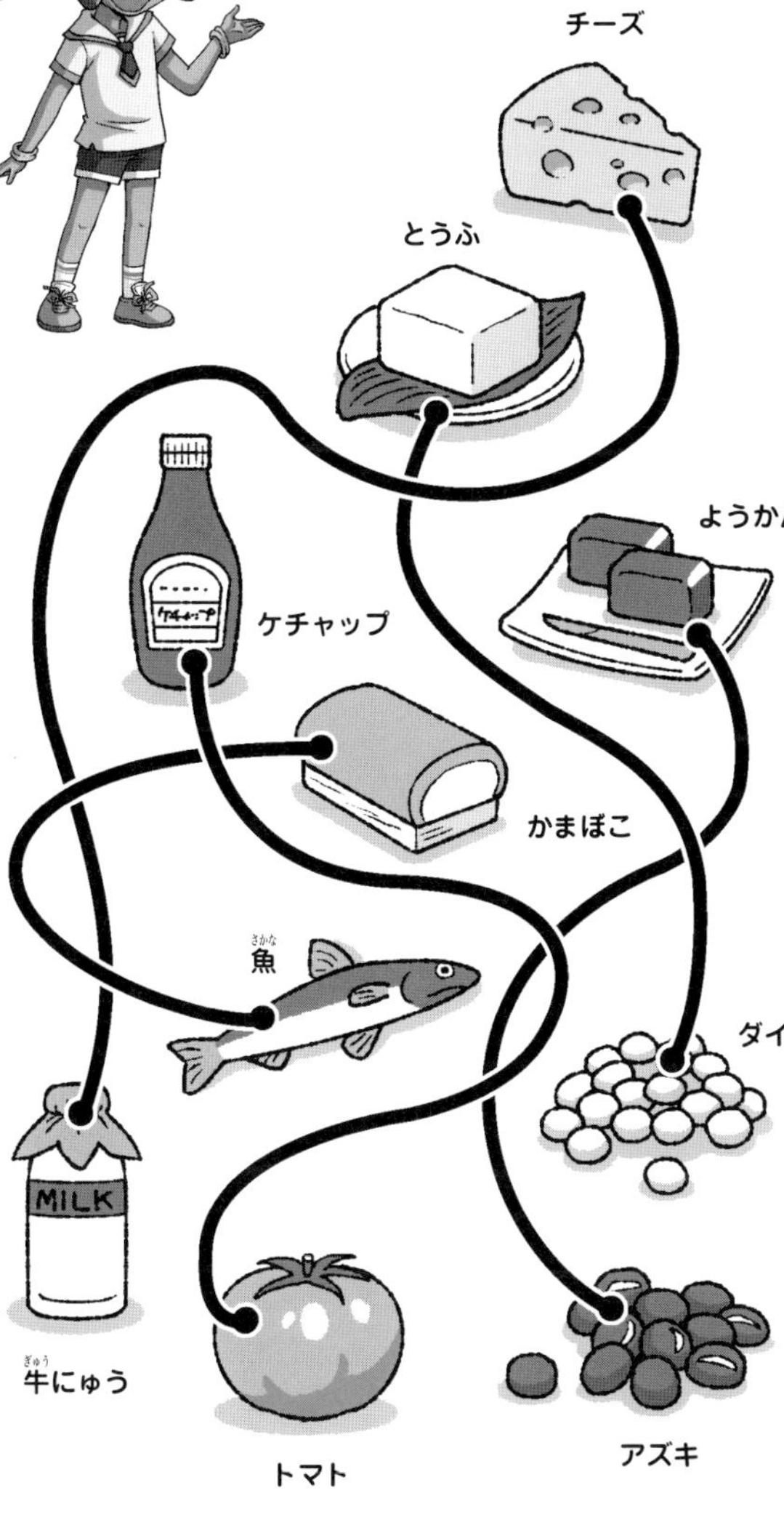
チーズ
とうふ
ようかん
ケチャップ
かまぼこ
魚《さかな》
ダイズ
MILK
牛《ぎゅう》にゅう
トマト
アズキ

線《せん》をたどると
何《なに》から
できているか
わかるよ！

第《だい》5話《わ》

大《おお》きな池《いけ》だね。
おおっ！氷《こおり》がはっているぞ。
ほんとだ！

クイズ

どうすればとうめいな氷《こおり》ができるの？

ア 水《みず》をゆっくりひやすとできる。

イ 水《みず》をきゅうにひやすとできる。

ウ 水《みず》に塩《しお》をとかしてひやすとできる。

この池《いけ》にはった氷《こおり》、とうめいで、すごくきれいだね。

家《いえ》の冷《れい》とう庫《こ》の氷《こおり》は、白《しろ》くてにごっているよね。どうしたら、とうめいな氷《こおり》をつくれるのかな？

それは、ひえかたにかんけいあるんだよ。くふうをすれば、家《いえ》の冷《れい》とう庫《こ》でも、とうめいな氷《こおり》ができるよ。

うーん、ひえかたかあ……。しぜんの中《なか》の池《いけ》と、冷《れい》とう庫《こ》では、何《なに》がちがうのかな？

ひえかたがちがう？
冷《れい》とう庫《こ》の氷《こおり》は白《しろ》い
池《いけ》の氷《こおり》はとうめい
答《こた》えは次《つぎ》のページ！

答《こた》え

ア　水《みず》をゆっくりひやすとできる。

【解説《かいせつ》】

氷《こおり》が白《しろ》く見《み》えるのは、空気《くうき》のあわがまじっているからです。

家庭《かてい》の冷《れい》とう庫《こ》は温度《おんど》がとても冷《つめ》たいので、ほんの数時間《すうじかん》で氷《こおり》ができます。すると、水《みず》にふくまれた空気《くうき》のあわが外《そと》に出《で》ていくひまがなく、氷《こおり》の中《なか》にとじこめられます。

そのため、氷《こおり》が白《しろ》くなってしまうのです。

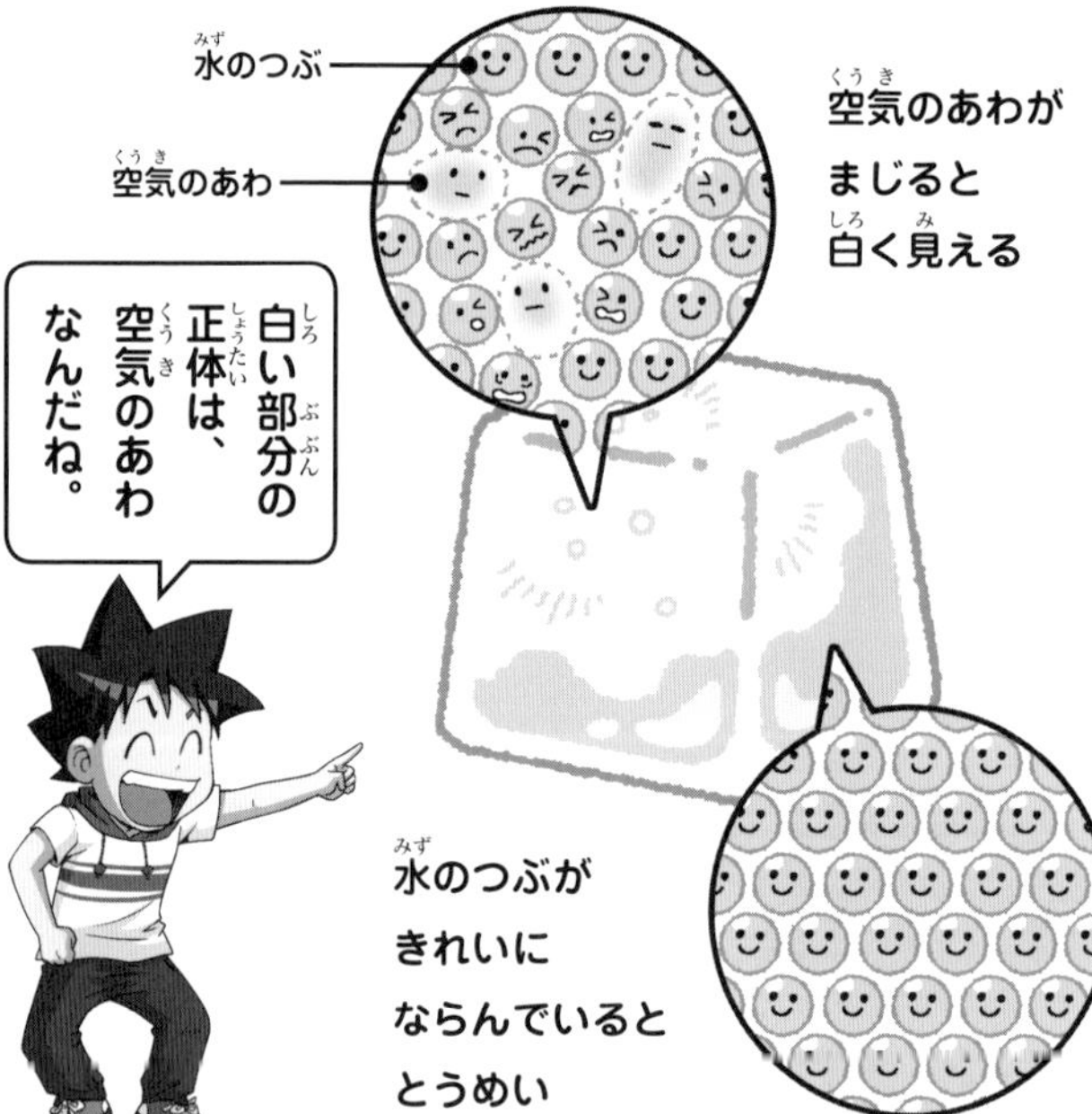
水《みず》のつぶ
空気《くうき》のあわ
空気《くうき》のあわがまじると白《しろ》く見《み》える
白《しろ》い部分《ぶぶん》の正体《しょうたい》は、空気《くうき》のあわなんだね。
水《みず》のつぶがきれいにならんでいるととうめい

じゃあ、池《いけ》の氷《こおり》はどうしてとうめいなの？

しぜんの中《なか》は、冷《れい》とう庫《こ》ほど温度《おんど》が冷《つめ》たくないので、池《いけ》の水《みず》は、表面《ひょうめん》からゆっくりと氷《こおり》になります。水《みず》にふくまれた空気《くうき》のあわは、水《みず》がこおっている間《あいだ》に空気中《くうきちゅう》に出《で》ていったり、下《した》へ下《した》へと追《お》いやられたりするので、空気《くうき》のあわをふくまないとうめいな氷《こおり》ができます。

家庭《かてい》の冷《れい》とう庫《こ》でとうめいな氷《こおり》をつくろう！

ようするにゆっくりこおらせるんだ。

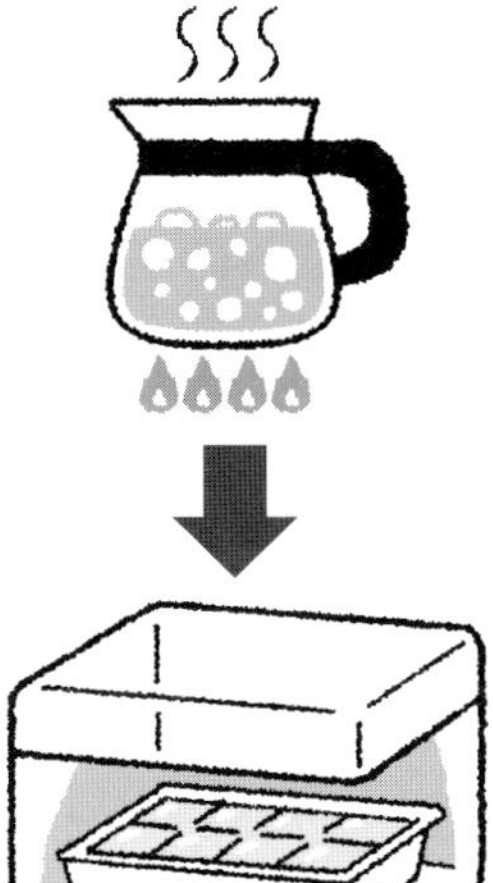

一度《いちど》ふっとうさせてさました水《みず》を使《つか》う。ふっとうさせた水《みず》は、空気《くうき》のあわができにくい。

氷《こおり》の容器《ようき》にふたをしたり、発《はっ》ぽうスチロールのはこに入《い》れたりして、こおらせる。

第《だい》6話《わ》

クイズ

音《おと》は水《みず》の中《なか》でも聞《き》こえるの?

ア 聞《き》こえる。

イ まったく聞《き》こえない。

ウ ものすごく近《ちか》くだと聞《き》こえる。

ジオ、水《みず》の中《なか》で「助《たす》けにきてくれてありがとう」って言《い》ったの、聞《き》こえた？

えっ、ピピをたすけるのにむ中《ちゅう》で、気《き》がつかなかったよ。

ジオやピピは、アーティスティックスイミングを見《み》たことないかい？

水《みず》の中《なか》で音楽《おんがく》に合《あ》わせて泳《およ》ぎながらえんぎするきょうぎだよね？　見《み》たことあるけど、どうして？

どうして音楽《おんがく》に合《あ》わせられるのか、考《かん》えてごらん。

答《こた》えは次《つぎ》のページ！

答《こた》え

ア 聞《き》こえる。

【解説《かいせつ》】

水《みず》の中《なか》でも音《おと》は聞《き》こえます。空気中《くうきちゅう》では、空気《くうき》がふるえることで音《おと》がつたわります。同《おな》じように、水中《すいちゅう》では水《みず》がふるえることで、音《おと》がつたわるのです。空気中《くうきちゅう》と水中《すいちゅう》では、音《おと》がつたわるはやさがちがいます。じつは、音《おと》は空気中《くうきちゅう》よりも水中《すいちゅう》のほうが、ずっとはやくつたわります。

じゃあ うちゅうでは 音《おと》は 聞《き》こえるの？

音《おと》は、空気《くうき》や水《みず》など、何《なに》か音《おと》をつたえてくれるものがないと聞《き》こえません。

うちゅうは、空気《くうき》も水《みず》もない、「真空《しんくう》」です。音《おと》をつたえてくれるものがないため、宇宙《うちゅう》では音《おと》が聞《き》こえません。

映画《えいが》やテレビアニメでは、うちゅうでの戦《たたか》いのシーンで、ばくはつ音《おん》がすることがありますが、じっさいのうちゅうでは、そんなことは起《お》こりません。うちゅうはシーンとしずまりかえった世界《せかい》なんですよ。

ドカーン
ビビビビビ
宇宙《うちゅう》で音《おと》がするシーンは うそだったのか！

第《だい》7話《わ》

あれ？
この池《いけ》……。
うへえ、ビショビショだあ。

ダムだったのかあ！

クイズ

ダムは何《なん》のためにあるの？

ア 展望台《てんぼうだい》のように、けしきを見《み》るため。

イ 水《みず》をためて、魚《さかな》がすむ湖《みずうみ》をつくるため。

ウ 川《かわ》に流《なが》す水《みず》のりょうをちょうせつするため。

この大《おお》きな池《いけ》は、ダム湖《こ》だったのか。

ダム湖《こ》って、何《なに》？

川《かわ》にダムをつくったことで、水《みず》がせきとめられてできた湖《みずうみ》のことさ。

ダムの真《ま》ん中《なか》にあなが開《あ》いて水《みず》が出《で》ているよ。ダムがこわれたんじゃないの？

ははは。あのあなは、「ゲート」といって、ためた水《みず》を川《かわ》に流《なが》すためのものだよ。

せっかくためた水《みず》を川《かわ》に流《なが》すなんて。ダムは、水《みず》をためたいの？　流《なが》したいの？

うーん。どっちもかな。

すごいはく力《りょく》！
ダム湖《こ》
ゲート
答《こた》えは次《つぎ》のページ！

答《こた》え

ウ 川《かわ》に流《なが》す水《みず》のりょうをちょうせつするため。

【解説《かいせつ》】

ダムは、ゲートをあけしめすることで、川《かわ》に流《なが》す水《みず》のりょうをちょうせつしています。

たとえば、川《かわ》の上流《じょうりゅう》で雨《あめ》がふったときには、川《かわ》に水《みず》を流《なが》さずにダム湖《こ》に水《みず》をためて、下流《かりゅう》でこう水《ずい》が起《お》こらないようにします。また、雨《あめ》がふらない時期《じき》には、ためた水《みず》を利用《りよう》して、水不足《みずぶそく》にならないようにしています。

ほかにも、ためた水《みず》が高《たか》い位置《いち》から落《お》ちるいきおいを利用《りよう》して、発電《はつでん》をおこなっているダムもあります。

ダムにはいろんな役割《やくわり》があるんだね。

ダムの役割《やくわり》

川《かわ》の上流《じょうりゅう》ではげしい雨《あめ》がふったとき、ゲートをふさいで、下流《かりゅう》がこう水《ずい》にならないようにする。

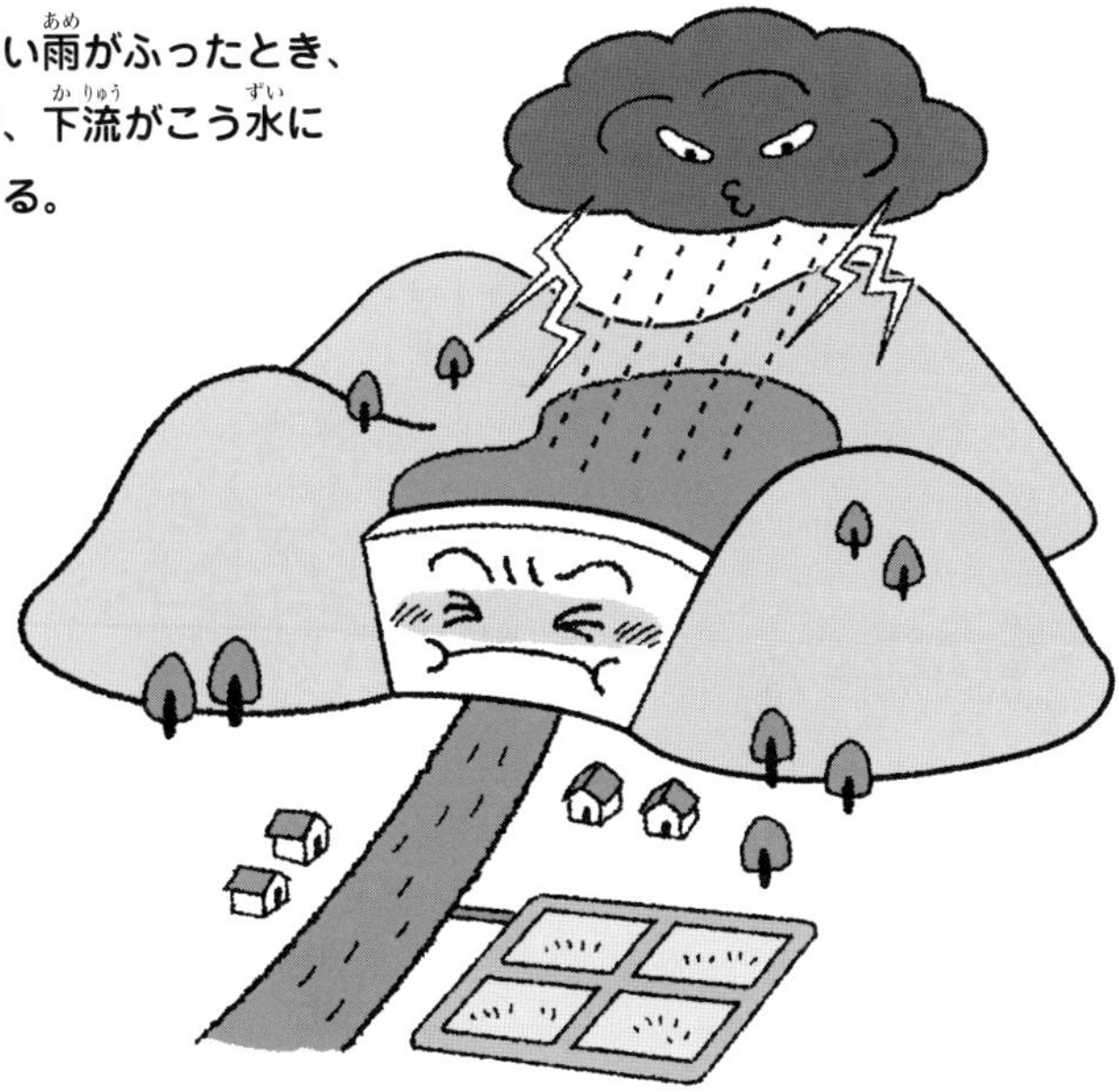

水《みず》がたりなくなったら、ゲートを大《おお》きくあけてダム湖《こ》にためた水《みず》を利用《りよう》する。

第《だい》8話《わ》

クイズ

紙《かみ》はどうやって作《つく》るの？

ア 木《き》や草《くさ》からせんいを取《と》り出《だ》して作《つく》る。

イ 土《つち》やすなをかためて作《つく》る。

ウ こん虫《ちゅう》のはく糸《いと》をからめて作《つく》る。

紙《かみ》っていつからあるの?

今《いま》のような紙《かみ》は、2000年《ねん》くらい前《まえ》の中国《ちゅうごく》で発明《はつめい》されたんだ。

「紙《かみ》」っていう漢字《かんじ》には、「糸《いと》」がついてるけど、紙《かみ》は糸《いと》からできているの?

さいしょに中国《ちゅうごく》で紙《かみ》が作《つく》られたときは、材料《ざいりょう》にきぬ糸《いと》を使《つか》っていたんだよ。

きぬ糸《いと》は、カイコっていうこん虫《ちゅう》のはく糸《いと》だよね。今《いま》でも、それが材料《ざいりょう》なの?

いやいや、今《いま》はほかのものから取《と》った、糸《いと》みたいなものを使《つか》っているよ。

紙《かみ》という字《じ》の成《な》り立《た》ちはこれだよ。
平《たい》ら
糸《いと》
紙

答《こた》えは次《つぎ》のページ!

答《こた》え

ア 木《き》や草《くさ》からせんいを取《と》り出《だ》して作《つく》る。

【解説《かいせつ》】

木《き》や草《くさ》には、せんいがふくまれています。このせんいは、木《き》や草《くさ》を形《かたち》づくっている成《せい》分《ぶん》が糸《いと》のようになったものです。

木《き》や草《くさ》から、このせんいを取《と》り出《だ》し、うすく平《たい》らにしてかわかすと、紙《かみ》ができあがります。

紙《かみ》の作《つく》りかた

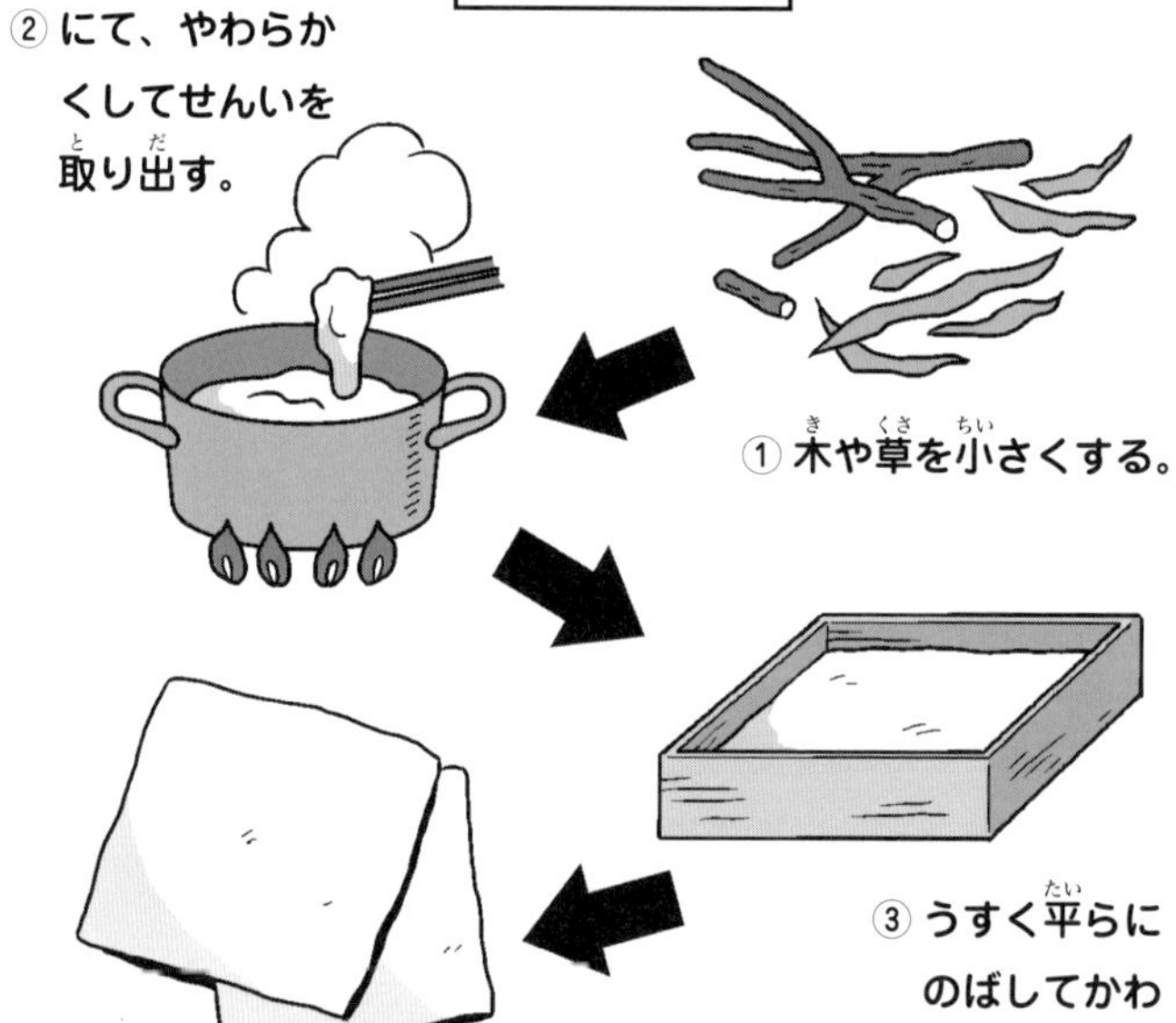
① 木《き》や草《くさ》を小《ちい》さくする。
② にて、やわらかくしてせんいを取《と》り出《だ》す。
③ うすく平《たい》らにのばしてかわかす。
できあがり。

今《いま》のように、紙《かみ》がたくさん作《つく》れるようになる前《まえ》は、紙《かみ》のかわりにいろんなものが使《つか》われていました。

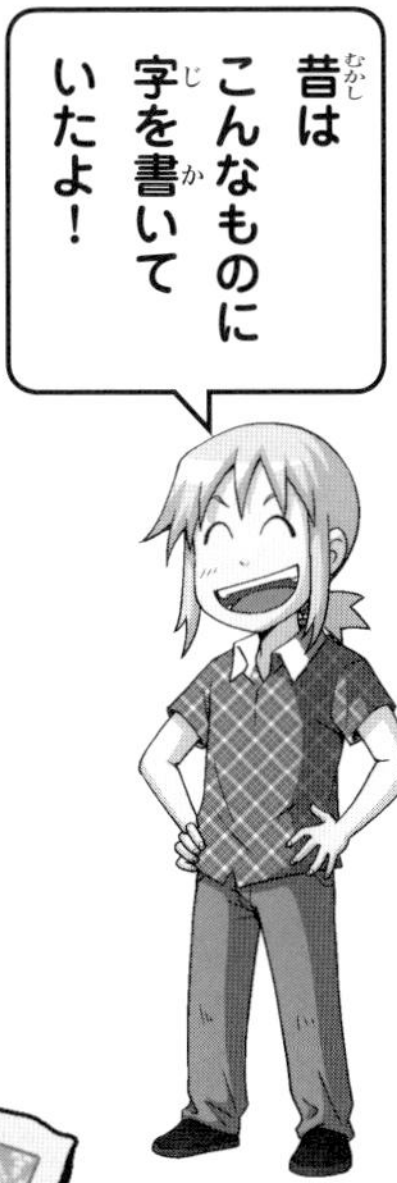
昔《むかし》はこんなものに字《じ》を書《か》いていたよ！

パピルス

大昔《おおむかし》のエジプトで使《つか》われていた。パピルスという植物《しょくぶつ》のくきをならべてかわかしたもの。

羊皮紙《ようひし》

ヒツジやウシのかわをかわかしたもの。昔《むかし》のヨーロッパで使《つか》われていた。

紙《かみ》はきちょうだったんだね。

木《もっ》かん

昔《むかし》の中国《ちゅうごく》や日本《にほん》では、細《ほそ》い木《き》の板《いた》を紙《かみ》のかわりに使《つか》っていた。

第《だい》9話《わ》

クイズ

花火《はなび》の色《いろ》はどうやって出《だ》しているの？

ア 花火《はなび》の中《なか》に絵《え》の具《ぐ》をまぜている。

イ いろんな色《いろ》をぬった小《ちい》さな電球《でんきゅう》を使《つか》っている。

ウ 金《きん》ぞくがもえるときに出《だ》す色《いろ》を利用《りよう》している。

打《う》ち上《あ》げ花火《はなび》って、本当《ほんとう》にきれいだね。どんなしくみなの？

打《う》ち上《あ》げ花火《はなび》の中《なか》には、火薬《かやく》が入《はい》っているんだよ。

火薬《かやく》って、火《ひ》をつけるとばくはつするものだよね。

でも、ふつうの火薬《かやく》がばくはつするときには、きれいな色《いろ》は出《で》ないよ。

色《いろ》が出《で》るものを、火薬《かやく》の中《なか》にまぜているんだよ。

打《う》ち上《あ》げ花火《はなび》の中身《なかみ》

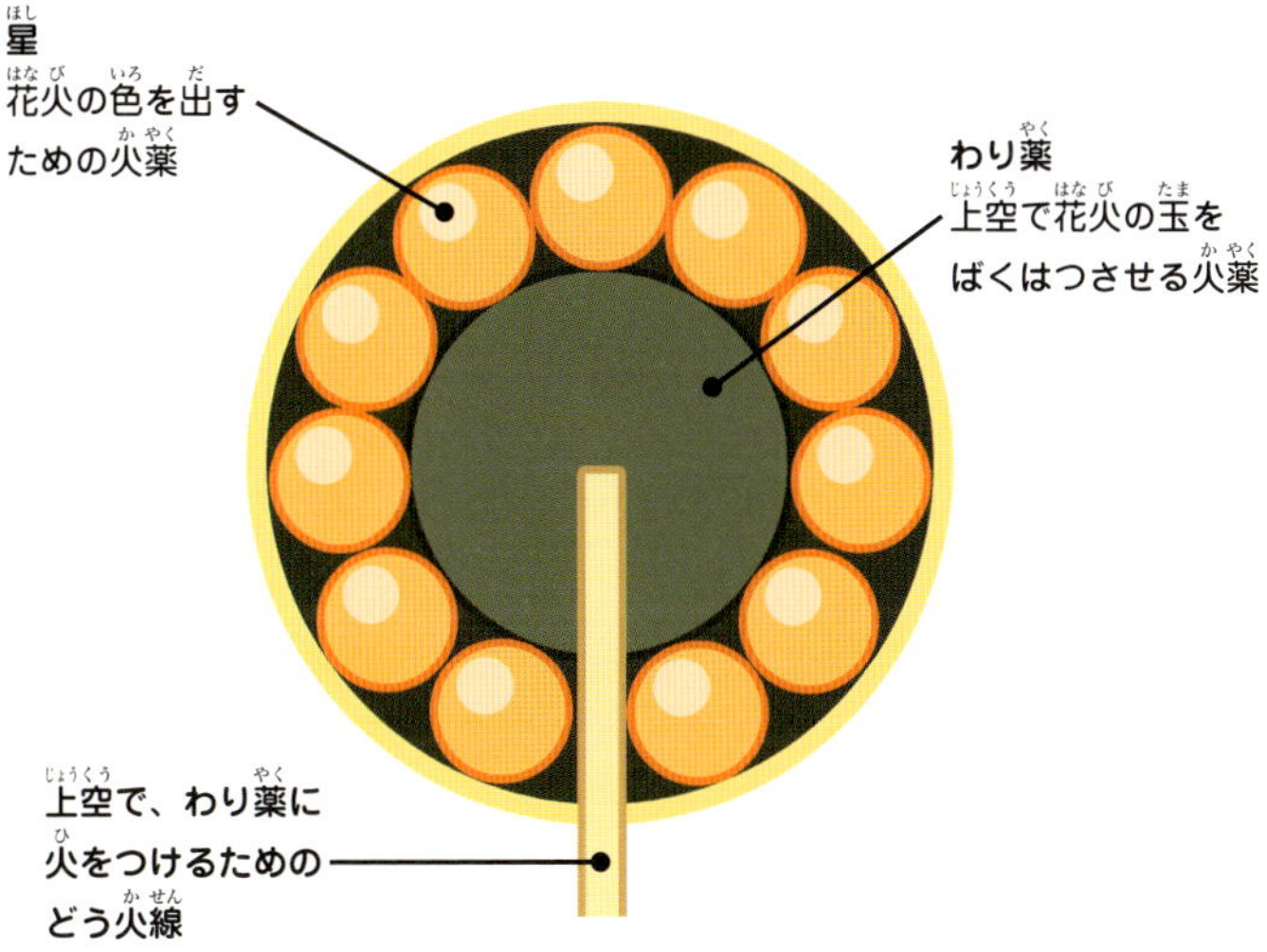
星《ほし》
花火《はなび》の色《いろ》を出《だ》すための火薬《かやく》
わり薬《やく》
上空《じょうくう》で花火《はなび》の玉《たま》をばくはつさせる火薬《かやく》
上空《じょうくう》で、わり薬《やく》に火《ひ》をつけるためのどう火線《かせん》

火薬《かやく》の中《なか》に色《いろ》が出《で》るものが入《はい》っているのか。
答《こた》えは次《つぎ》のページ！

答《こた》え

ウ 金《きん》ぞくがもえるときに出《だ》す色《いろ》を利用《りよう》している。

【解説《かいせつ》】

金《きん》ぞくには、もえるときに決《き》まった色《いろ》を出《だ》すものがあります。たとえば、ナトリウムは黄色《きいろ》、アルミニウムは白色《はくしょく》、カリウムは紫色《むらさきいろ》、銅《どう》は青緑色《あおみどりいろ》などです。花火《はなび》は、これらの金《きん》ぞくを火薬《かやく》にまぜることで、きれいな色《いろ》を出《だ》しているのです。

それでは、いろいろな形《かたち》はどのように出《だ》しているのでしょうか。

みそしるがふきこぼれたときに黄色《きいろ》いほのおが出《で》るのも同《おな》じ理由《りゆう》だよ。

みそしるにふくまれるナトリウムがもえて、
黄色《きいろ》いほのおになる。

じつは、花火《はなび》の形《かたち》は、火薬《かやく》（星《ほし》）のならべかたで変《か》わります。ならべかたによる、形《かたち》のちがいを見《み》てみましょう。

第《だい》10話《わ》

クイズ

花火《はなび》はどうして音《おと》がおくれて聞《き》こえるの？

ア 花火《はなび》が上《あ》がったあとに、たいこで音《おと》を出《だ》しているから。

イ 光《ひかり》よりも、音《おと》のほうがゆっくりつたわるから。

ウ 目《め》で見《み》る光《ひかり》より、耳《みみ》で聞《き》く音《おと》のほうが、脳《のう》におそくつたわるから。

花火《はなび》がピカッと光《ひか》ったあと、しばらくしてから、ドーンって音《おと》が聞《き》こえるね。

ここは花火《はなび》を打《う》ち上《あ》げるところから遠《とお》いからね。

すぐ近《ちか》くで花火《はなび》を見《み》たときは、花火《はなび》が光《ひか》るのとほぼ同時《どうじ》に音《おと》が聞《き》こえたよ。

きょりが遠《とお》くなるほど、音《おと》がおくれて聞《き》こえる……？

もしかして、つたわるはやさがかんけいしているのかな？

かみなりもピカッと光《ひか》ったあと音《おと》がおくれて聞《き》こえるね。

答《こた》えは次《つぎ》のページ！

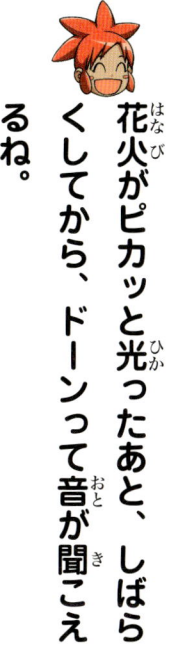

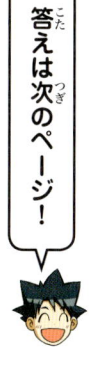

答《こた》え

イ　光《ひかり》よりも、音《おと》のほうがゆっくりつたわるから。

【解説《かいせつ》】

光《ひかり》は、１秒間《びょうかん》に地球《ちきゅう》を7周半《しゅうはん》するほどのはやさで進《すす》みます。いっぽう、音《おと》は１秒間《びょうかん》に約《やく》３４０メートルのはやさで進《すす》みます。これは、だいたい飛行機《ひこうき》と同《おな》じくらいのはやさです。どちらもものすごいはやさですが、光《ひかり》にくらべると、音《おと》は、ずっとおそく進《すす》むのです。

光《ひかり》のはやさをもってすれば、どんなには

光《ひかり》は１秒間《びょうかん》に地球《ちきゅう》を７周半《しゅうはん》するはやさで進《すす》む。

音《おと》は、ジェット機《き》より少《すこ》しはやいくらいで進《すす》む。

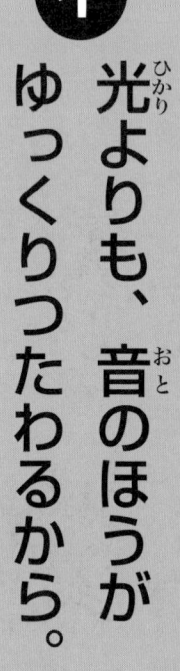

なれた場所《ばしょ》にいても、花火《はなび》が上《あ》がったと同《どう》時《じ》に目《め》にとどきますが、音《おと》の進《すす》むはやさは光《ひかり》よりもずっとおそいので、おくれて耳《みみ》にとどきます。とどく時間《じかん》の差《さ》は、遠《とお》ければ遠《とお》いほど、大《おお》きくなります。

花火《はなび》とのきょりが近《ちか》いとき

いっしゅんで着《つ》いた！
ピカッ
そんなにおくれずに着《つ》いた
ドン！
きょり近《ちか》い

花火《はなび》とのきょりが遠《とお》いとき

いっしゅんで着《つ》いた！
ピカッ
まって〜!!
ドン！
きょり遠《とお》い

花火《はなび》のほうに歩《ある》いてきたら村《むら》があったわ！
やった。たすかったぞ！
よかった〜。

身《み》近《ぢか》な科《か》学《がく》のサバイバル ビックリ豆《まめ》ちしき！

科学《かがく》のふしぎを、もっと知《し》ってみよう！

1 トイレにティッシュを流《なが》しちゃダメ！

トイレットペーパーとティッシュペーパーはにているけれど、ティッシュペーパーをトイレに流《なが》してはいけないよ。つ

2 花火大会《はなびたいかい》の花火《はなび》はどのくらい大《おお》きい？

夏《なつ》になると、日本《にほん》のあちこちで花火大《はなびたい》会《かい》が行《おこな》われるね。夜空《よぞら》に打《う》ち上《あ》げられる花火《はなび》の大《おお》きさって、いったいどのくらい

まらせるかもしれないからね。

紙《かみ》は木《き》や草《くさ》のせんいで作《つく》られていたね(第《だい》8話《わ》を見《み》よう)。トイレットペーパーは、水《みず》に流《なが》すと、せんいがほぐれてバラバラになるから、トイレでつまらないんだ。でも、ティッシュペーパーは、表面《ひょうめん》に薬品《やくひん》をぬってやぶれにくくしていて、水《みず》に流《なが》してもバラバラになりにくい。だからトイレでつまってしまうんだ。


大《おお》きいんだろう。

日本《にほん》の花火《はなび》でいちばん大《おお》きなものは、打《う》ち上《あ》げると夜空《よぞら》で直《ちょっ》けいが700メートル以上《いじょう》も広《ひろ》がるよ。

東京《とうきょう》スカイツリーの高《たか》さが634メートルだから、それがすっぽり入《はい》るほど大《おお》きく広《ひろ》がるんだ。

この大《おお》きさの花火《はなび》を
打《う》ち上《あ》げるには、
安全《あんぜん》のために
とても広《ひろ》い場所《ばしょ》が
ひつようなんだって。

監修　金子丈夫
編集デスク　大宮耕一、橋田真琴
原稿執筆　チーム・ガリレオ（河西久実、十枝慶二、中原崇）
編集協力　上浪春海
マンガ協力　Park So-Young、Lee Jong-Mi、Han Jung-Ah、池田聡史
イラスト　楠美マユラ、豆久男
カバーデザイン　リーブルテック AD課（石井まり子）
本文デザイン　リーブルテック 組版課（佐藤良衣）
主な参考文献　「週刊かがくる 改訂版」1 〜 50 号 朝日新聞出版／「週刊かがくるプラス 改訂版」1 〜 50 号 朝日新聞出版／「週刊なぞとき」1 〜 50 号 朝日新聞出版／『朝日ジュニア学習年鑑 2016』朝日新聞出版／『理科年鑑』国立天文台編 丸善出版／『ニューワイド学研の図鑑』学研マーケティング／『講談社の動く図鑑 MOVE』講談社／『小学館の図鑑 NEO』小学館／『キッズペディア 科学館』小学館／『こども生物図鑑』スミソニアン協会監修 デイヴィット・バーニー著 大川紀男訳 河出書房新社
「ののちゃんの DO 科学」朝日新聞社（https://www.asahi.com/shimbun/nie/tamate/）
ほか

科学《かがく》クイズにちょうせん！

5分間《ふんかん》のサバイバル　2年生《ねんせい》

2018 年 8 月 30 日　第 1 刷発行

著　者　マンガ：韓賢東《ハンヒョンドン》／文：チーム・ガリレオ
発行者　今田俊
発行所　朝日新聞出版
〒104-8011
東京都中央区築地5-3-2
編集　生活・文化編集部
電話　03-5540-7015（編集）
03-5540-7793（販売）

印刷所　株式会社リーブルテック
ISBN978-4-02-331611-9
定価はカバーに表示してあります

本《ほん》の感想《かんそう》やサバイバルの知識《ちしき》を書《か》いておこう。

サバイバルシリーズ ファンクラブ通信《つうしん》

創刊《そうかん》!

おたより大募集《だいぼしゅう》

ゆうびんも メールも ドシドシ!

ファンクラブ通信《つうしん》は、サバイバルの公式《こうしき》サイトでも読《よ》めるよ!

みんなからのお手紙《てがみ》、楽《たの》しみにしてるよ〜♪

読者《どくしゃ》のみんなとの交流《こうりゅう》の場《ば》、「ファンクラブ通信《つうしん》」が誕生《たんじょう》したよ! クイズに答《こた》えたり、似顔絵《にがおえ》などの投稿《とうこう》コーナーに応募《おうぼ》したりして、楽《たの》しんでね。「ファンクラブ通信《つうしん》」は、サバイバルシリーズ、対決《たいけつ》シリーズの新刊《しんかん》に、はさんであるよ。書店《しょてん》で本《ほん》を買《か》ったときに、探《さが》してみてね!

おたよりコーナー 1

ジオ編集長《へんしゅうちょう》からの挑戦状《ちょうせんじょう》

『◯◯のサバイバル』を作《つく》ろう!

みんなが読《よ》んでみたい、サバイバルのテーマとその内容《ないよう》を教《おし》えてね。もしかしたら、次回作《じかいさく》に採用《さいよう》されるかも!?

例《れい》 **冷蔵庫《れいぞうこ》のサバイバル** 何《なに》かが原因《げんいん》で、ジオたちが小《ちい》さくなってしまい、知《し》らぬ間《ま》に冷蔵庫《れいぞうこ》の中《なか》に入《い》れられてしまう。無《ぶ》事《じ》に出《で》られるのか!?(9歳《さい》・女子《じょし》)

おたよりコーナー 2

キミのイチオシは、どの本《ほん》!?

サバイバル、応援《おうえん》メッセージ

キミが好《す》きなサバイバル1冊《さつ》と、その理由《りゆう》を教《おし》えてね。みんなからのアツ〜い応援《おうえん》メッセージ、待《ま》ってるよ〜!

例《れい》 **鳥《とり》のサバイバル** ジオとピピの関係性《かんけいせい》が、コミカルですごく好《す》きです!! サバイバルシリーズは、鳥《とり》や人体《じんたい》など、いろいろな知《ち》識《しき》がついてすごくうれしいです。(10歳《さい》・男子《だんし》)

おたよりコーナー 3

ピピが審査員長《しんさいんちょう》! 2コマであそぼ

お題《だい》となるマンガの1コマ目《め》を見《み》て、2コマ目《め》を考《かんが》えてみてね。みんなのギャグセンスが試《ため》されるゾ!

例《れい》 **お題《だい》** 井戸《いど》に落《お》ちたジオ。なんとかはい出《で》た先《さき》は!?

地下《ちか》だったはずが、なぜか空《そら》の上《うえ》!?

おたよりコーナー 4

ケイ館長《かんちょう》のサバイバル美術館《びじゅつかん》

みんなが描《か》いた似顔絵《にがおえ》を、ケイが選《えら》んで美術館《びじゅつかん》で紹介《しょうかい》するよ。

例《れい》

上手《うま》い!

みんなからのおたより、大募集《だいぼしゅう》!

1. コーナー名《めい》とその内容《ないよう》
2. 郵便番号《ゆうびんばんごう》
3. 住所《じゅうしょ》
4. 名前《なまえ》
5. 学年《がくねん》と年齢《ねんれい》
6. 電話番号《でんわばんごう》
7. 掲載時《けいさいじ》のペンネーム(本名《ほんみょう》でも可《か》)

を書《か》いて、右記《うき》の宛《あ》て先《さき》に送《おく》ってね。掲載《けいさい》された人《ひと》には、サバイバル特製《とくせい》グッズをプレゼント!

●郵送《ゆうそう》の場合《ばあい》

〒104-8011 朝日新聞出版 生活・文化編集部

サバイバルシリーズ ファンクラブ通信係

●メールの場合《ばあい》

junior @ asahi.com

件名《けんめい》に「サバイバルシリーズ ファンクラブ通信」と書《か》いてね。

※ 応募作品《おうぼさくひん》はお返《かえ》ししません。※お便《たよ》りの内容《ないよう》は一部《いちぶ》、編集部《へんしゅうぶ》で改稿《かいこう》している場合《ばあい》がございます。

ファンクラブ通信《つうしん》は、サバイバルの公式《こうしき》サイトでも見《み》ることができるよ。

サバイバルシリーズ 検索

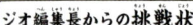